7歳になったら読む

猫の長生き健康ぐらし

獣医にゃんとす《Juui Nyantos》

大和書房

PREFACE

はじめに

我が家にはキジトラの「にゃんちゃん」という猫がいます。

にゃんちゃんとの出会いは私がまだ獣医学生のころ。生後間もない子猫のときに段ボール箱に捨てられていたところを保護しました。それからは毎日がドタバタライフ。家中のものを床に落としたり、真夜中に棚の上からお腹の上にダイブしてきたり、ソファをバリバリ引っかいたり……。

そんなにゃんちゃんも、現在12歳。人間に換算すると60歳くらい。まだまだ元気ですが、昔よりゆっくり過ごす時間が増え、老いや病気が気になるお年ごろです。

猫も人間と同じく、年を重ねれば関節が痛くなったり、トイレが上手にできなくなったりします。若いころとは違って、病気と付き合いながら、お別れのときまでどのようにして快適に過ごすのかを考えていかなければなりません。

私、にゃんとすは獣医師として現場を数年経験し、いまは国内の研究所で研究員として難治性疾患の研究に取り組んでいます。これまでに愛猫との暮らし方について、2冊の本を出版してきました。

本書は3冊目の著書であり、**シニア猫に特化した、にゃんとす初めての本**です。

シニア期に入ったにゃんちゃんとの暮らしを通し、改めてシニア猫ならではの悩みや疑問を感じるようになり、獣医師としての経験や知識、研究員としてのリサーチ能力を生かし、シニア猫の飼い主さんたちに役立つ内容をまとめたいと思うようになりました。


この本を執筆するに当たり、絶対に欠かせないと考えていたことがありました。

それは**「先輩飼い主さんたちの経験談」**です。

ありがたいことにXを中心に多くの飼い主さんたちと交流させていただいているのですが、そこで耳にするお話には実際に猫と暮らしている方ならではの**「生活の知恵」**があふれていました。


獣医学や研究に基づく一般論は当然重要ですが、猫の数だけ、飼い主さんの数だけ、それぞれ違った生活があるはずです。

猫は具合が悪くても、あまり表には出さずに我慢をしてしまう動物です。病院が苦手な猫もいて、高齢になるほど、おうちでの健康管理や環境づくりがますます重要になってきます。

だからこそ、飼い主さんたちが実際に経験してきた知恵を取り入れたいと思い、協力してくださる先輩飼い主さんたちを募りました。ありがたいことに200名を超える先輩飼い主さんたちが協力してくださり、本書は誕生しました。

「シニア猫との暮らしは大変なこともあるけれど、すごく楽しい。一緒に過ごした時間も長くなり、絆も深まる。**大変さだけではない喜びを伝えて、猫とともにどう老いに向き合えばよいかを一緒に考えたい**」

そんな先輩飼い主さんたちの思いが詰まっています。

シニア猫との暮らし方の本は、これまでも何人もの獣医師が書いてきましたが、本書は獣医師の知識と、飼い主さんたちの知恵が結集した、これまでにない内容になっています。

これからシニア期を迎える猫と暮らしている方、またすでにシニア猫と暮らしている方が本書を読んで、確かな知識を身に付け安心でき、猫の老後の暮らしをともに楽しむ一助になれたら幸いです。

獣医にゃんとす

CONTENTS

もくじ

先輩猫さん情報の見方

人と同じで足腰が……

01

階段を上がって2階に行かなくなりました。寝て起きると手（前足）をかばうように歩くように。しばらくすると治るので気にしていなかったのですが、獣医さんに相談したら**「人間と同じで関節が痛くなるんだよー」**と言われました。

［めめすけさん］

ミー
東京・22歳・♀

猫の名前
飼い主さんのお名前
住まい
猫の年齢

♀：メス　♂：オス
あり：避妊手術済み
なし：避妊未手術

第1章 知っておきたい老化のサイン・病気のサイン

人よりも、少し早く成長する猫。
以前に比べて、
ちょっとやせてきたような、
眠っている時間が増えたような……。
まだまだ一緒に
楽しく暮らしたいから。
毎日ふれあう飼い主だからできる、
変化の見分け方。

はじめに

猫って、何歳からがシニア？

そもそも「猫のシニア期」とは何歳からのことを指すのでしょうか？

国際猫医学会の定義によると、**11歳からシニア期、15歳以上が超シニア期**と分類されています。しかし、身体の衰えは7〜10歳の中年期から始まるとされています。猫の1年は人間の4年に相当するとよく言われるように、猫は人間の4倍のスピードで年を取っていきます。そのため、猫生の折り返し地点でもある7

猫の年齢目安表

ライフステージ	猫の年齢	人間の年齢に換算すると……
子猫期（誕生〜6か月）	**〜1か月**	**0〜1歳**
	2か月	**2歳**
	3か月	**4歳**
	4か月	**6歳**
	5か月	**8歳**
	6か月	**10歳**
子ども期（7か月〜2歳）	**7か月**	**12歳**
	12か月	**15歳**
	18か月	**21歳**
	2歳	**24歳**
大人期（3〜6歳） **中年期**（7〜10歳） **シニア期**（11歳〜14歳） **超シニア期**（15歳〜）	**以降、人間の年齢に換算する際は1歳ごとに+4歳する**	

〜8歳ごろから、愛猫の身体や体質の変化に気をつけていく必要があります。

猫は年を重ねるとどう変わる？

人間は年を重ねると、シミやしわが皮膚に増えたり、白髪になったりしますよね。また、足腰に痛みが出るようにもなります。人によっては涙もろくなったり、性格が「丸くなった」と言われるような人もいるでしょう。猫も人間と同じで、見た目や体質、行動などが歳とともに変化していきます。例えば、毛並みが悪くなったり、あまり活発ではなくなったり、食が細くなったりすることがあります。

ここで大事なのは、これらの変化を単に**老化のせいだと決めつけず、病気のサインを見落とさない**ことです。なかには放置すると、命に関わるような危険な病気が隠れていることもあります。そのような兆候を見分ける知識をもっていただき、安心して日常生活を過ごしてもらえたらうれしいです。

また、年を取ると体質も変わっていきます。体質の変化に合わせたフードの選び方を知っておくと、健康長寿に近づくことができるでしょう。

さらに、若いころと比べて性格も変わったなと感じる飼い主さんたちも多くいます。長年ともに過ごした絆を感じるようなエピソードも集めました。

子猫／子ども期　誕生～2歳くらいまで

- 好奇心旺盛で何に対しても興味津々
- 社会化期（～2ヶ月齢）は性格形成に大切な時期
- ひもやおもちゃの誤飲に注意
- 1歳のときの体重が理想体重（北欧猫は成長が遅いので注意）
- 避妊去勢は半年ごろから

大人期　3～6歳くらいまで

- 避妊去勢手術後から、体質が変わり、太りやすくなる
- 下部尿路疾患や心筋症などに注意

中年期　7～10歳

- 引き続き肥満に注意
- 一方で、筋肉が落ちたりやせやすくなる猫も
- 様々な病気のリスクが上がり始める
- 「老眼」が始まったり腎機能が徐々に衰え始める

シニア期／超シニア期　11歳～

- 毛色が薄くなり、爪も太くなる
- やせやすくなり、筋肉量が低下する
- 15歳以上の猫の約8割が慢性腎臓病に
- 動作がゆっくりに。よく眠る
- 以前より甘えん坊になる猫も？
- 完全室内飼いの猫の平均寿命　約16歳

知っておきたいポイント	ページ数
猫の体質の変化	22ページ～
核硬化症／高血圧との関係	26ページ～／146ページ～
歯周病	30ページ～
がん（リンパ腫、そのほかのがん）	126ページ～
老化／甲状腺機能亢進症／関節炎	38ページ～／134ページ～／150ページ～
慢性腎臓病	42ページ～／118ページ～
環境づくり／便秘／下部尿路疾患	102ページ～／158ページ～／162ページ～
危険なサイン	60ページ～
甲状腺機能亢進症／認知症	134ページ～／142ページ～
ごはんを食べてもらう工夫	82ページ～
水を飲んでもらう工夫	90ページ～
投薬のコツ	94ページ～
交流の注意点	110ページ～
QOL／緩和ケア・ホスピス	170ページ～／174ページ～
療法食	78ページ～
安楽死／看取り・弔い方	178ページ～／182ページ～

こんなことありませんか?

見た目の変化

- □ 以前より、やせて／太ってきたかも……?
- □ 目の色がなんだか前と違うような……?
- □ 口の中が赤くなっている
- □ 以前はなかったしこり・できものがある

行動の変化

- □ あまり動かず、寝てばかり……
- □ 水をたくさん飲むようになった
- □ 粗相が増えた
- □ 足を引きずる／呼吸がはやい／けいれん／おしっこが出ない
- □ よく鳴く、以前より活動的になった

よくある悩み

- □ 食が細くなってしまった
- □ 水をあまり飲んでくれない
- □ 薬を飲んでくれない
- □ シニア猫とのふれあいで注意することがわからない
- □ 病気になったときの治療の選択の仕方
- □ 治療のためのフードの違いがわからない
- □ いつか来る最期の日に後悔しないために……

PART 1

見た目の変化

猫も人間と同じように、加齢とともに見た目が変化していきます。毛にツヤがなくなってきたり、目にシミができたり……。おうちで観察できる4つの項目を見ていきましょう。

①毛並み・皮膚・爪の変化（↓18ページ）

最も日常的に観察しやすい項目です。病気でなくても、加齢による体質の変化で毛並みが悪くなり、毛玉が増えることがあります。また、爪ももろく、太くなります。ブラッシングや爪切りといった、日ごろ行うケアでもシニア猫ならではの気をつけたい注意点があります。

②体型の変化（↓22ページ）

猫は10歳ごろにかけては太りやすく、11歳以降はやせやすい体質に変わっていきます。体型に合わせて、どのようなシニアフードに切り替えていけばよいのかが変わっていきます。猫の体型を判断する、ボディコンディションスコアとマッスルコンディションスコアについてご説明します。

③目の変化（↓26ページ）

猫の場合、年を重ねていくと、目のレンズ部分が少し青みがかったもやのようにくもったり、黒目の周りに茶色や黒いシミができる場合があります。どのような目に変化するのか、実際の写真を用いて紹介します。

多くは老化による変化で病気ではありませんが、なかには失明や命に関わる変化もあります。どのようなケースに注意が必要かについてもあわせて解説します。

④歯や歯肉、口周りの変化（↓30ページ）

皆さんのおうちの猫は口の中を見せてくれますか？　なかなかじっくりと見ることが難しいおうちが多いのではないかと思います。

猫の7割近くが歯周病を患っているというデータもあります。口の中の痛みは愛猫の生活の質に大きく関わってくるため、非常に重要です。どのように予防をしていけばよいのか、注意点と一緒にご説明します。

毛並み・皮膚・爪の変化

人間が年を取ると、白髪が増えたり、皮膚がたるんだりするように、猫も加齢によって、毛並みや皮膚に様々な変化が起こります。例えば、毛色の変化です。年を取ると毛穴のメラニン（黒い色素）を作る細胞が減ることで、**被毛の色が薄くなっていきます**。白い毛が増えたり、黒猫が少し赤っぽくなったりするのはこのためです。一方で、Black whiskerといって、ヒゲは白から黒色に変わることがあります。毛色の変化は、基本的には加齢によるものが多く、あまり心配する必要はありません。

年を取ると、**毛並みが悪くなる**こともあります。毛根が細くなることで抜け毛が増えたり、皮脂分泌が変化し、毛艶が悪くなり、毛割れや毛束ができたり、ボサボサやごわごわした感じが増すことがあります。また、あごの下や口周りに黒いぶつぶつ（面皰《めんぽう》）や猫ニキビ（ざ瘡《そう》）ができやすくなることもあります（20ページ写真）。

こうした毛並みや皮膚の変化は、加齢による体質の変化によるものも多いですが、一方で、病気による症状のこともあるので注意が必要です。例えば、シニア猫に多い甲《こう》状腺《じょうせん》機能《きのう》亢進症《こうしんしょう》や糖尿病などの内分泌・ホルモンの病気、進行した慢性腎臓病などでは、被毛粗剛《ひもうそごう》（毛並みが悪くなること）が起こりやすいのです。また、体質の変化だけでなく、関節の痛みや筋力の低下によって、毛づくろいをサボりがちになり、毛並みが悪くなったり、毛玉が増えたりすることもあります。

ブラッシングは毛玉の予防や皮膚の血行促進、皮膚のしこりなどの早期発見にもつながります。愛猫の健康のためにも定期的に行いましょう。シニア猫は、やせていたり、筋肉量が落ちていたりすることが多いので、背骨にブラシが当たらないように、優しいブラッシングを心がけましょう。ピンブラシやラバーブラシのような皮膚に優しい、やわらかいブラシを使うのもおすすめです。また毛玉をはさみで切るのは危険です。ばっさり皮膚を切ってしまった……というケースが少なくありません。なるべく、スリッカーブラシなどを使ってほぐすようにしてください。

また、毛や皮膚だけでなく、爪の変化にも注意しましょう。年を取ると、**爪がもろく、そして太くなります**（20ページ写真）。巻き爪に気づかず、肉球に刺さって化膿してしまった……なんてケースも非常に多いです。特に、前足の親指にある狼爪《ろうそう》は巻き爪になりやすく、また飼い主さんが見落としがちなので、注意しましょう。太くなってしまった爪を切るのは、ギロチンタイプではなく、はさみタイプの爪切りがおすすめです。

先輩たちの経験談

20歳のまったりライフ

今月4月に20歳になりました!! 4月に入ったころ、腎臓病用の療法食も食べなくなり、食べられればマシと思い、完全一般食にしています。それでも最初だけモリモリ食べてましたが今は食欲低下しています。点滴は1日おきになり、吐き気止め・胃薬は朝晩服用。**1日でも長く生きてほしい**。サスくん頑張ってます！ ［Nekokoさん］

サスケ 埼玉・20歳・♂

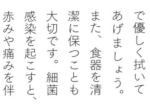

猫にきびについて

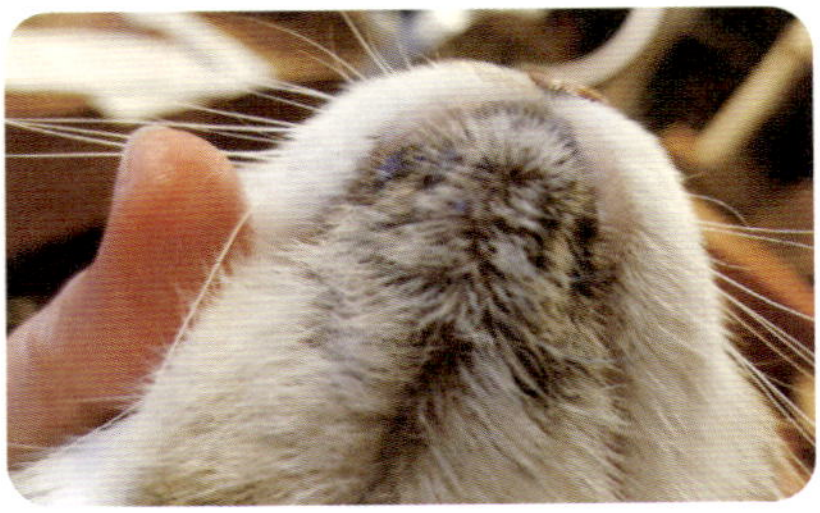

猫にきびはあごの下にできることがほとんど。黒い汚れ（面疱《めんぽう》）は、古い角質や皮脂が毛穴に詰まっている、いわばにきびの初期状態。ぬるま湯で湿らせたガーゼやコットンで優しく拭いてあげましょう。また、食器を清潔に保つことも大切です。細菌感染を起こすと、赤みや痛みを伴うこともあります。

シニア猫の爪切りのコツ

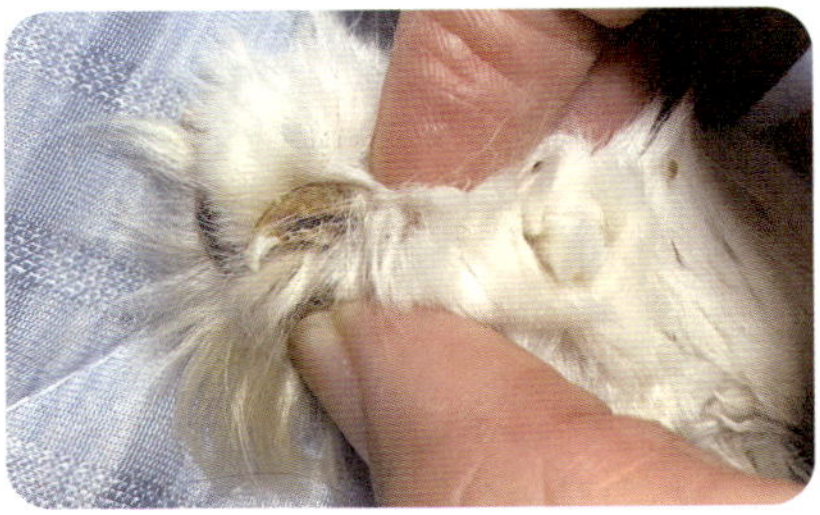

爪が太くなって切りにくい場合は、一回で切らずに、爪切りで少し切ったあとに古い爪の鞘をペリペリと剥がしながら、新しい爪を出しながら切る方法がおすすめです。また、切れ味の悪い爪切りや人間用の爪切りは、爪に力がかかり、嫌がる原因になります。切れ味のよい爪切りを使用するようにしましょう。

画像提供：〈上〉猫の昼寝代行屋さん、〈下〉ITK さん

ブラシの種類と使い分け

ピンブラシ

細い金属のピンがたくさん並んだブラシ。毛のもつれや絡みをとるのに向いている。**長毛・短毛どちらの猫にも使える**。

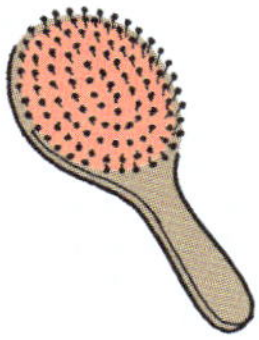

ラバーブラシ

ゴムやシリコンでできたブラシ。抜け毛が取りやすくて使用しやすい。柔らかい素材なので、**ブラッシングが苦手な猫や短毛猫におすすめ**。マッサージにも適している。

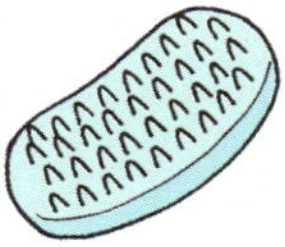

スリッカーブラシ

細い針金がびっしり並んだブラシ。**長毛猫の毛玉や絡まりをほぐすために使う**。先が尖っているものが多く、皮膚を傷つけないように注意。

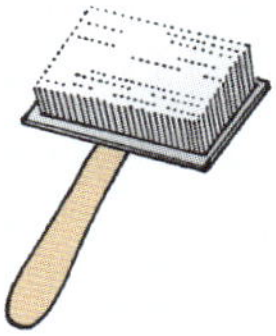

コーム

平たいクシ。細かい歯で毛玉をほぐしたり、毛並みを整えるのに使用する。**顔周りなどの細かい部分のお手入れ**にも使いやすい。

アンダーコートブラシ

ファーミネーターが有名。**換毛期に抜けるアンダーコートを効率よく取り除くのに適したブラシ**。使いすぎるとハゲるので注意。我が家ではこれを主に使っている。

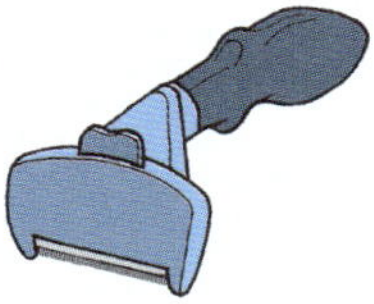

体型の変化

人間は年を取ると代謝が落ちたり、運動量が低下したりするため、太りやすい体質になっていきますよね。猫も10歳ごろにかけては人間と同じで、太りやすい体質になっていきます。これはいわゆる「中年太り」に似ています。この時期には肥満にならないよう注意し、必要に応じて低カロリーの肥満防止用フードや、満腹感を得やすいウェットフードなどを検討する必要があります。

一方で、**11歳を超えると、徐々に太りやすい体質から「やせやすい体質」**に変わっていきます。消化能力が低下し、エネルギーを吸収しにくくなるからです。食事量やカロリー量をそのままにしておくと、どんどんやせていってしまう可能性もあります。さらにこの時期からは、嗅覚や味覚が低下し、食が細くなってしまう猫も多くいます。場合によっては、高カロリーのフードに切り替える必要もあるかもしれません。

また加齢によってやせてしまう原因として、筋肉量の低下も関係しています。シニア猫では筋肉量が自然と減少することがあり、これは専門用語で「サルコペニア」と呼ばれます。筋肉量の低下は、単に体重減少だけでなく、運動能力や体力、免疫機能の低下にもつながります。サルコペニアは7歳ごろから始まることがあり、筋肉を維持するためには、適切な量のタンパク質を摂取することが重要です（↓74ページ）。

猫の場合、何kg以上で肥満とか、何kgを下回ったからやせている、というふうには判断しません。もちろん体重も大事な指標のひとつですが、一般的には猫の体型は**ボディコンディションスコア（BCS）**によって評価します（↓24ページ）。理想的な体型は①上から見たときに肋骨の後ろにくびれがある、②うすい脂肪の上に肋骨が触れる（人間の手の甲の骨を触る感覚を参考にしてみてください）、③腹部にあまり脂肪がついていないことが評価基準とされています。ウエストが異常に細かったり、肋骨が目で見える場合はやせすぎ、逆にくびれが判別つかなかったり、肋骨が脂肪で触れることができない場合は太り過ぎと評価します。

一方で、筋肉量は**マッスルコンディションスコア（MCS）**によって評価します（↓24ページ）。背骨や肩甲骨、頭蓋骨、骨盤部分を触って判断します。特に背骨の両側の部分の筋肉（軸上筋）が他の部位と比較してチェックしやすいので、ぜひ触ってみてください。

とはいえ、猫の体型を評価するのは難しいことが多いので、一度動物病院できちんと評価してもらうと安心です。

先輩たちの経験談

好奇心を刺激するごはん

ごはんの飽きはどうしてもきますよね。うちは数種類用意しておくのは前提として**基本温めていました**。ドライもです。お皿も色んな形や大きさ違いのお皿であげたり場所変えたりで好奇心を刺激する作戦などもやりました。

［もにゃママさん］

もなか　福島・18歳・♂

＊WSAVA（世界小動物獣医師会）によるガイドライン
（https://wsava.org/global-guidelines/global-nutrition-guidelines/）を参考に作成。

BCS 5　BCS 7　BCS 9

理想的

BCS 5 バランスのとれた体。ろっ骨の後ろの腰がはっきりわかる。ろっ骨はさわってわかる程度で、わずかに脂肪に覆われている。腹部の脂肪は最小限。

理想より太っている場合

BCS 6 ろっ骨はさわってわかり、わずかに余分な脂肪に覆われている。腰と腹部の脂肪は区別できるが明らかではない。くびれはない。

BCS 7 ろっ骨は脂肪は中程度の脂肪で容易にはわからず、ウエストも判別が難しい。腹部は明らかに丸みを帯び、中程度の脂肪がある。

BCS 8 余分な脂肪によりろっ骨はさわってもわからない。くびれはない。明らかに丸く、腹部の脂肪が目立つ。腰に脂肪の沈着がある。

BCS 9 脂肪が厚く、ろっ骨にさわれない。腰、顔、手足にも脂肪が多くついている。腹部がふくらみ、くびれはなく、広範囲に脂肪が蓄積している。

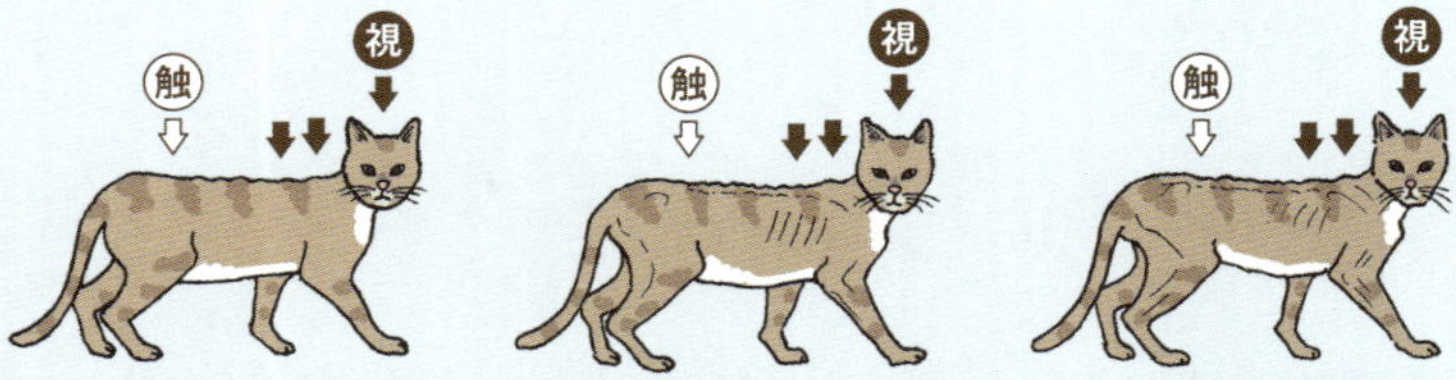

軽度の筋肉減少

・丸みが少なく、角ばって見える。

・押すと反発は小さく、正常な筋肉量にくらべ沈む。

中程度の筋肉減少

・骨ばって見える。

・押し込むと、骨の感触を感じ取れる。

重度の筋肉喪失

・骨の形がはっきりと見てとれる。

・筋肉がほぼなく、骨にふれる。

猫の体型の見方

ボディコンディションスコア

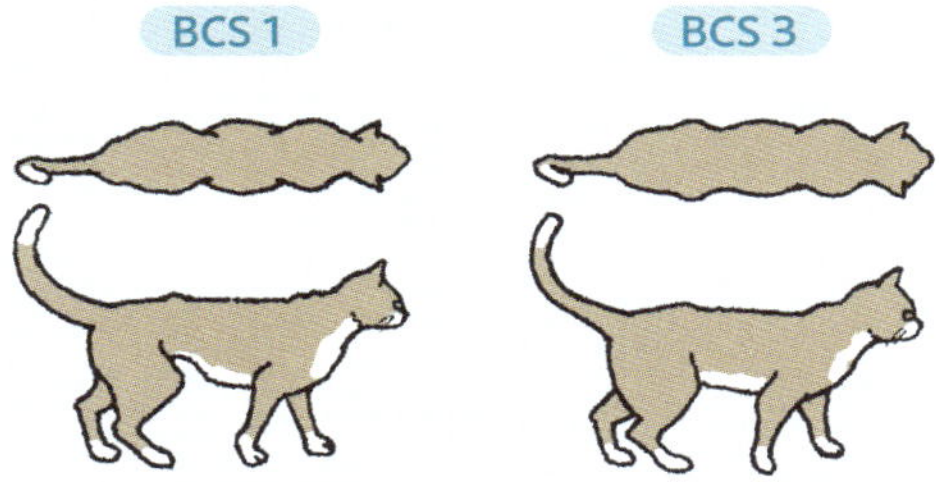

理想よりやせている場合

BCS 1 短毛の猫はろっ骨が見える。さわれる脂肪がない。腹部が著しくへこんでいる。腰椎と腸骨翼は触診で容易にわかる。

BCS 2 短毛の猫はろっ骨が容易に見える。腰椎がはっきりしている。腹部のたるみが顕著。さわれる脂肪がない。

BCS 3 ろっ骨に容易にさわれるが、覆う脂肪は最小限。腰椎がはっきりしている。腹部の脂肪は最小限。

BCS 4 ろっ骨がさわってわかる程度で、脂肪はほとんどついていない。ろっ骨の後ろのくびれが目立つ。腹部がわずかにへこんでいる。

マッスルコンディションスコア

脊椎、肩甲骨、頭蓋骨の視診、脊椎翼の触診によって評価します。

正確な評価はなかなか難しいですので、あくまで目安として、日々のふれあいのなかで、変化に気づけるようにしておくとよいでしょう。

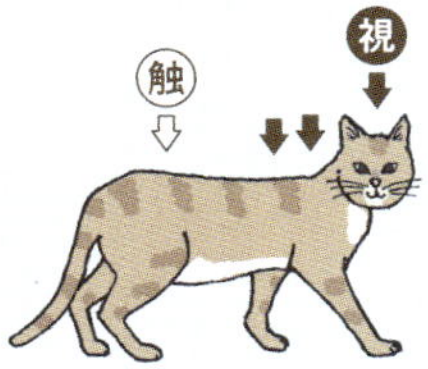

正常な筋肉量

- 丸みがあり、骨の形は目視できない。
- 押すと適度な反発がある。

目の変化

加齢に伴う目の変化で最も一般的なものは、「核硬化症《かくこうかしょう》」です。病気のように聞こえるかもしれませんが、人間で言うところの**「老眼」に似た状態**です。

核硬化症とは、加齢に伴って目のレンズである水晶体が徐々に硬くなり、近くの物体に焦点を合わせる能力が低下した状態。人間でいう遠視ですね。人間では40歳ごろから老眼が始まりますが、猫はもう少し遅く、**9歳ごろ（人間でいう50歳を越えたころ）から始まる**と言われています。核硬化症が進むと、目のレンズ部分が少し青みがかったもやのように曇るため、白内障と間違われる場合が多いですが、人間や犬と異なり、猫の白内障は非常に稀です。核硬化症は正常な加齢に伴う変化で、通常視力に大きな影響はないため、治療の必要はありません。また「虹彩《こうさい》（黒目の周り）萎縮《いしゅく》」といって、光に対する瞳孔の反応が鈍くなることもありますが、これも視力にはあまり大きな影響はないと考えられています。

一方で、失明や命に関わる病気の症状も、目に現れることがあります。**猫の失明の最も多い原因は「高血圧」**です（↓146ページ）。長期にわたって血圧が上昇すると、目に負担がかかり続けます。その結果、永続的な失明の原因となる網膜剥離《もうまくはくり》を引き起こします。出血によって眼球内が赤い場合や明るい場所でも黒目が大きい場合（散瞳）、高血圧で目に強い負荷がかかっている可能性が高く、一刻も早い受診が推奨されます。

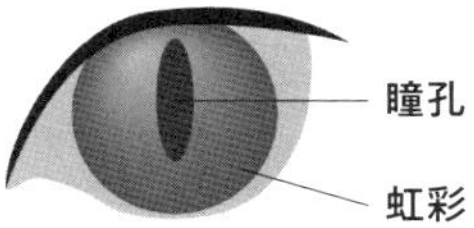

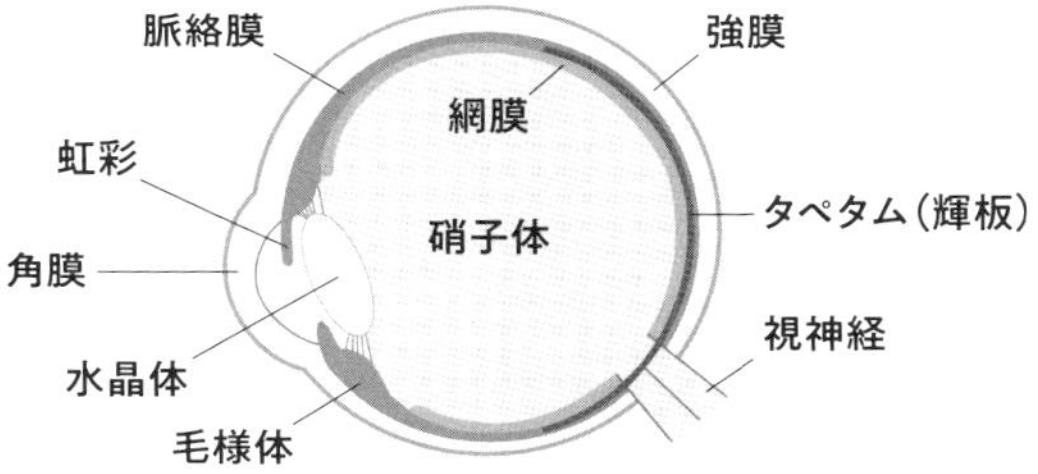

また、黒目（瞳孔）の周り（虹彩）に茶色や黒いシミができる場合があります。これは単なるシミの場合が多いですが、「虹彩《こうさい》悪性《あくせい》黒《こく》色腫《しょくしゅ》（メラノーマ）」という悪性腫瘍の場合があります。人間のほくろのがん（皮膚がん）に似たものが目の中にできると考えてください。虹彩メラノーマは転移しやすく、悪性度の高いがんで、治療は眼球摘出になります。特にシミの数が多い、急に増えている場合はこの病気の可能性があります。獣医師でもすぐには見分けることが難しい場合が多いですが、怪しいシミを発見した場合はかかりつけの先生に相談しましょう。

先輩たちの経験談

目薬嫌いは寝起きをねらう

目薬、難しいですよね。我が家は身体が大きくて力も強いのでなかなか押さえられず、寝起きでまだ横になっているところをねらっていました。何度も頭をなでてあげて、その**手の動きの流れでまぶたを開いて目薬をさします**。寝起きはぼんやりしているのであまり怒られませんでした。

［Iさん］

とら 13歳・♂

核硬化症

黒目の部分が青みがかってくもっているように見えます。白内障と間違われることが多いが、加齢による正常な変化で、これだけにごっていても、視力には大きな影響はないと考えられています。

画像提供：にゃこー@ねこ垢さん

先輩飼い主の経験談

←

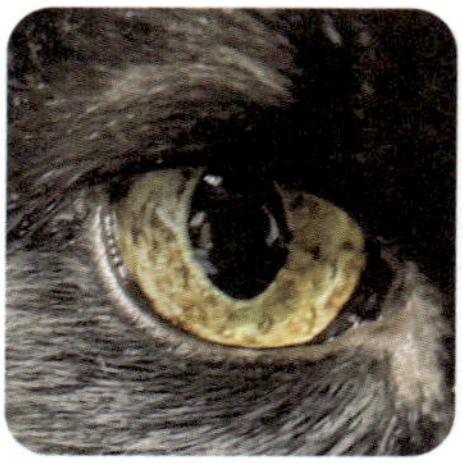

加齢で目にシミが増えました。現在14歳の黒猫ちゃんですが右が若いとき、左が現在の目です。年齢とともにシミが徐々に増えてきました。病院で診てもらい、急にシミが大きくなったりすると病気の可能性があるので注意して見ています。

［Y・Mさん］

眼球摘出術

虹彩メラノーマのように、目の中に腫瘍ができてしまった場合、眼球摘出術が治療の選択肢のひとつになることがあります。眼球を摘出したあとは、シリコン製の義眼を入れて、へこみを防ぐこともできます。まぶたを縫っているので、常にウィンクをしているような見た目になってしまいますが、もう片方の眼に問題がない場合は視力に大きな影響はありません。猫は聴覚にも優れているので**生活していく上での大きな影響はありません**。

眼球をとるということに抵抗があるかもしれませんが、愛猫を痛みから開放させたり、がんの転移を防いだりするために必要な手術であることをぜひ知っておいてください。

歯や歯肉、口周りの変化

猫は虫歯にならないという話を聞いたことがあるのではないでしょうか？

これは本当で、猫の口の中は、人間よりもややアルカリ性に傾いているため、虫歯菌が増えづらいからではないかと考えられています。といっても、歯や口の中のトラブルが少ないわけでは決してありません。歯周病や破骨細胞性吸収病巣《はこつさいぼうせいきゅうしゅうびょうそう》（原因不明の歯が溶けてしまう病気）、慢性歯肉口内炎（難治性口内炎）など、虫歯以外の病気が非常に多いのです。ある報告によると、3歳以上の猫の実に68％が歯周病を患っていたようです。破骨細胞性吸収病巣についても、報告によってばらつきはありますが、28～67％の猫がこの病気を持っており、年齢が上がるにつれてその率は増加するようです。慢性歯肉口内炎も最大26％の猫が患っているというデータがあります。シニア猫にとって、お口のトラブルはつきものなのです。

歯肉の腫れや赤み、出血などに気づいた場合は、かかりつけの先生に相談し、治療を受けましょう。一方で、猫はなかなか口の中を見せてはくれないので、愛猫の変化をよく観察する必要があります。例えば、よだれが出る、口臭がきつくなる、元気がなくなる、手がよだれで汚れている、顔周りを触ると嫌がる、毛づくろいが減ったなどは、口の中に痛みや炎症があるサインかもしれません。

こうした歯や口の中の病気の予防のためには、日ごろのデンタルケアが重要なのは言うまでもないのですが、猫に毎日歯磨きをするなんて想像するだけで「無理でしょ……」と思いますよね。もちろん歯磨きができるに越したことはありませんが、無理な歯磨きやトレーニングは猫にも飼い主さんにもストレスになってしまうことがよくあります。

一番よい予防法は、**定期的にかかりつけの先生によく口の中を診てもらい、必要に応じて麻酔下での歯石とり（スケーリング）や治療を受ける**ことです。無麻酔でのスケーリングは猫に強いストレスになる、怪我や歯が折れるリスクがある、十分な歯石除去が不可能で結局意味がないなど、デメリットしかないので、絶対に受けてはいけません。

また、飼い主さんにぜひ覚えておいてほしいことは、「抜歯」は非常に有効な治療法だということです。「全顎抜歯《ぜんがくばっし》」といって、すべての歯を抜くこともあります。これだけ聞くと、ネガティブな印象を受けるかもしれません。しかし、歯の痛みがなくなるため、食事をよく取るようになり、また歯周病や口内炎も改善に向かうことが多いのです。歯がなくても、フードをやわらかくしてあげれば問題なく食べることもできます。いざというときに愛猫の生活の質（↓170ページ）を守るために、ぜひ覚えておいてください。

先輩たちの経験談

全歯抜歯で食欲回復

少し前のことですが16歳だった飼い猫も「このままだと……」と言われて全歯抜歯しました。**食欲が戻り20歳まで元気に過ごしました。**

［ぎんのすけさん］

さくら　神奈川・20歳・♀

慢性歯肉口内炎と抜歯について

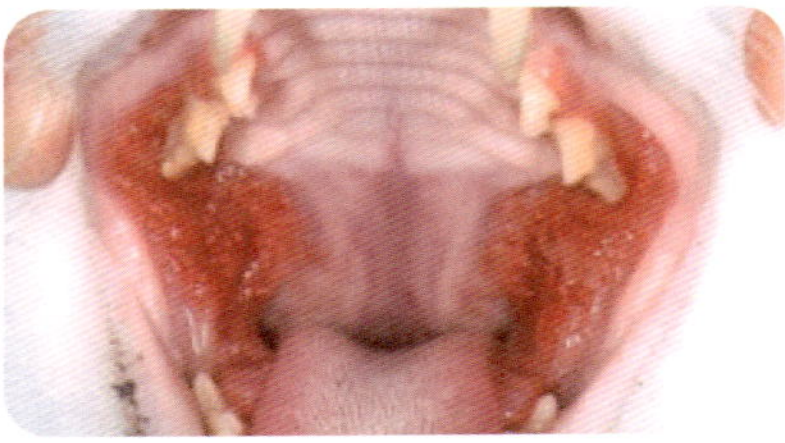

治療前

▼

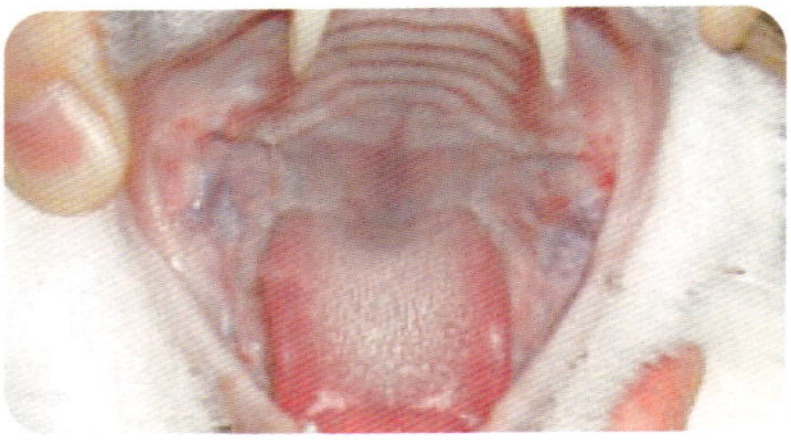

治療後

この猫は慢性歯肉口内炎（難治性口内炎）で、口の中が**重度の炎症によって真っ赤になっています**。口の痛みで食事が取れない状態でした。おくすりによる治療に反応しなかったため、全臼歯（奥歯）抜歯を受けました。抜歯によって炎症が落ち着いて、赤みがなくなっていることがわかりますね。

実際に、慢性歯肉口内炎では、抜歯を受けた7～8割の猫で症状が改善または消失したという報告があります。また最近では幹細胞を使った細胞療法も研究が行われており、注目されています。

画像：アミカペットクリニック網本昭輝先生による

歯によいおやつ

歯磨きが難しい場合は、歯磨き効果のあるおやつを使ってみるとよいかもしれません。特に**米国獣医口腔衛生協議会（VOHC）の認定マークがついているもの**を選びましょう。この認定マークがついているおやつは、歯垢や歯石の蓄積をコントロールする効果が承認されています。

我が家ではピュリナデンタライフやグリニーズ歯磨き専用スナックと知育トイを組み合わせてあげています。とはいっても、劇的な効果があるわけではなく、特にすでに歯肉が赤く腫れている場合は、必ずかかりつけの動物病院を受診し、治療を受ける必要があります。

COLUMN

暦年齢と生物学的年齢

暦年齢とは、生まれてから数えた年齢のことですが、同じ年齢の猫でも、身体の機能や状態は個体によってばらつきがあります。例えば、15歳を超えてもピチピチの猫もいれば、7歳でもヨボヨボになってしまう猫もいます。このような違いはなぜ生まれるのでしょうか。

近年、基礎研究の世界では老化研究がさかんに行われ、**身体の細胞や組織の状態に基づく「生物学的年齢」**という考え方が広まりつつあります。馴染みのある言葉で表現すると、「体内年齢」です。つまり、15歳を超えてもピチピチの猫は、生物学的年齢が暦年齢よりも若く、7歳でもヨボヨボの猫は生物学的年齢が暦年齢よりも老いてしまっていると考えることができます。

愛猫にいつまでも若々しくいてもらうためにはどうしたらよいのでしょうか？　老化のスピードは様々な要因によって決まります。例えば、遺伝的な要因、食事や運動、ストレス、持病の有無などです。そのため、すごく基本的なことですが、極度に太らせないこと、適度に遊ぶ時間をつくってあげること、ストレスフリーな環境づくりに努めること、定期的な健康診断を受けて持病を早期に発見、治療することなどが重要になってきます。

また、猫に「毒」となるものは避けることも非常に大切です。例えば、タバコに含まれる化学物質は細胞にダメージを与え、老化を促進することが知られています。最近では副流煙だけでなく、喫煙者の衣服や身体についた有害物質が猫に悪影響を与える可能性も指摘されています。また、猫は完全肉食動物になる過程で、肝臓の解毒経路の一部を失いました。これに伴って、アロマや植物由来の成分に対して、強い毒性を示すことがあります。さらに、香りの強い柔軟剤や塩素系洗浄剤も猫に毒性があることも指摘されています。こうした化学物質から愛猫を守ることも、重要でしょう。

現在、世界中の研究者がヒトや動物の生物学的年齢を予測する方法の開発を進めています。その中で特に注目されている方法が、DNAのメチル化という目印を見る方法です。実際にこの手法で猫の生物学的年齢を予測する取り組みも進んでいます。こうした研究が進むと、もしかすると、動物病院で正確な体内年齢を測定して、老化や病気の予測や治療に役立てるという日も来るかもしれませんね。

PART

2 体質・行動の変化

ここからは、年を重ねるにつれて、どのように体質や行動が変化していくのかを説明していきます。体質・行動の変化でよく相談されるのが次の4つです。

①よく眠るようになった、活動的ではなくなった(↓38ページ)

寝ている時間が長くなったり、あまり遊ばなくなったりするのはよくある老化のサインです。一方で、その影に病気や痛みが隠れていることもあります。どのような病気の可能性があるのか、知っておきましょう。併せて、猫の睡眠の傾向やよりよい睡眠環境のつくり方についても考えていきましょう。

②よく水を飲むようになった(↓42ページ)

猫の健康管理において、水分摂取は非常に重要な指標です。実は、猫の祖先は乾燥地帯で生活していたため、水分摂取に関してやや特殊な習性をもっています。そのため、飲水量の変化は、病気のサインを早期に発見する重要な手がかりとなります。ここでは、日々の水分摂取量をどのように把握すればよいか、具体的な方法をご紹介していきます。

③トイレを失敗するようになった（↓46ページ）

トイレの失敗は、猫の年齢に関係なく多くの飼い主さんを悩ませる問題です。ここでは、全ての猫に適した快適なトイレ環境づくりのコツから、足腰が弱くなってきたシニア猫特有のトイレ事情まで、幅広くお話しします。

④よく吐くようになった（↓50ページ）

猫と一緒に暮らしていると、一度は吐くところを見たことがあるのではないでしょうか？　皆さんが実感している通り、猫の嘔吐《おうと》は人間と比べると日常的なものです。しかし、すべての嘔吐を軽視してよいわけではありません。中には危険なサインが隠れている場合もあるのです。そこで、日常的な観察のポイントや注意が必要な嘔吐についてご紹介します。愛猫の健康を守るために、ぜひ参考にしてくださいね。

よく眠るようになった、活動的ではなくなった

年を取るにつれて、よく眠るようになったり、あまり活動的でなくなったり……というのは、老化のサインとしてイメージしやすいですよね。猫はもともと多くの時間を寝て過ごす動物です。1日に12～16時間も寝ているとも言われています。「ねこ」の語源は「寝子《ねこ》」から来たのではないかと言われているほどです。なぜこんなにもよく寝るのでしょうか？ これは狩りに備えて体力を温存していた野生時代のなごりではないか、と考えられています。時間になると勝手にごはんが出てくる、狩りの必要のない現代の猫たちも、なんのためなのか、体力は温存しておかなくてはいけないようです。

これほど寝るのが大好きな猫たちですが、**年を取るにつれ、睡眠時間はさらに長くなる傾向**があります。この理由はよくわかっていませんが、加齢に伴って中途覚醒（寝ている途中に目が覚めること）が増え、眠りが浅くなることで、睡眠の質が低下することが原因かもしれません。人間の高齢者も年を取ると睡眠の質が低下するようで、おそらく神経の働きやホルモンの分泌能力の変化によるものなのでしょう。愛猫が寝ている時間はそっとしておいてあげるのが優しさかもしれませんね。

また老化に伴って、聴覚が衰えていることも、睡眠時間の増加に関係しているかもし

れません。うちのにゃんちゃんも、以前は帰宅するとお出迎えに来てくれていたのですが、最近は帰ってきたことにも気づかずに寝ていることが増えてきました。愛猫の老いを感じると、やっぱり少しさみしいですね。

このように、よく寝るようになったり、あまり活動的でなくなったりすることは、一般的には老化のサインですが、その裏に病気が隠れていることも少なくありません。例えば、**認知機能不全症候群**、いわゆる認知症ではぼーっとする時間が増えたり、睡眠時間が長くなったりします。また睡眠サイクルが乱れ、夜間に起きている時間が増えたり、夜鳴きがひどくなったりすることもあります（↓134ページ、142ページ）。また**筋力の低下**（↓22ページ）や**関節の痛み**（↓150ページ）などがある場合も、あまり遊ばなくなった、寝ている時間が増えた、グルーミングや爪とぎの回数が減ったなどの変化が見られることがあります。

一方で、シニア猫に多く見られる甲状腺機能亢進症《こうじょうせんきのうこうしんしょう》は、逆に活動的になることがあります。甲状腺ホルモンの過剰分泌により、過度に活発になったり、興奮したり、食欲が増加したりすることがあるので、注意が必要です（↓134ページ）。

先輩たちの経験談

声を掛け合い楽しく遊ぶ

おしっこハイのついでに駆け回ることがよくあります。そのときにじゃらしを平面（床）に這わせて動かすと食い付きがよいです。年を重ねたから疲れるのか、すぐゴロンとひっくり返って遊びます。工夫というか癖ですが、手や口で捕らえたときには**「上手だねぇ！」「流石だねぇ！」等の声かけ**もしています。

［ma×yu さん］

さばお　東京・13歳・♂

愛猫の睡眠の質をあげるには？

愛猫に少しでもぐっすり眠ってもらうために、部屋の明るさはできるだけ自然に近づけ、室温にも注意しましょう。

猫の睡眠と部屋の明るさに関する実験では、部屋の明かりをずっとつけておくと、夜間の睡眠時間と深い睡眠の時間が減少し、うとうとしている時間が増えたそうです。

猫は暗闇でも視力が非常に優れているため、真っ暗な部屋でも問題ありません。就寝中や留守番中は電気を消し、**自然光を取り入れる**ことで、猫の本来の生活リズムに近づき、睡眠の質の向上にもつながるでしょう。

また、シニア猫は体温の調節能力が衰えているため、若いころよりも室温の変化に対応しにくくなってしまいます。ある実験では、**室温が25〜30度で最も睡眠の質が高く**、25度以下になると、シニア猫の睡眠が途切れ途切れになってしまう傾向があったそうです。特に冬は注意が必要ですね。とはいっても、25度以上は人間にとっては少しあたたかすぎるので、ふわふわのベッドなどを用意したり、床から離れた少し高い場所に寝床を作ったりして、人間と猫の双方が心地のよい室温を心がけるとよいでしょう。

夜鳴きへの対応

先輩飼い主さんに聞きました

01

遊びですっきり眠れるように

昼夜逆転している場合は夜間に寝てもらえるように、**昼間はできるだけ起こしていました**。頭を使うと体力もちょうどよく消費してくれるので、ノーズワーク(ごはん探しゲーム)とかやってみたりしました！

お辛い場合は動物病院でお薬処方してもらって、症状をコントロールする方法もあります。

［つぶさん］

こうすけ
神奈川・15歳・♂

02

夜鳴きと粗相が増えた

認知症と診断されていませんが、**昼間は大人しいのに夜中鳴く、トイレまで辿り着けずに粗相をすること**が増えました。センサーライトや保温性の高い寝具などに変えると少しは夜鳴きが減りましたが、完全には治らなかったです。

［華原小夏さん］

アトム
21歳・♂

にゃんとす ワンポイント

夜鳴きがひどい場合はまずは動物病院を受診し、甲状腺ホルモンなどの検査を受けて、**病気が隠れていないかをチェックする**ことが大切です。また数が少ないですが、行動診療を行う動物病院(http://vbm.jp/region/)で相談するのもよいでしょう。

よく水を飲むようになった

まず、猫の健康維持における水分摂取の大切さについて説明しましょう。猫は元来「水を飲もうかな、喉が渇いたな」という欲求がわきにくく、なかなか自分で水を飲んでくれない動物です。このような習性は、イエネコの祖先が水の少ない砂漠で暮らしていたことが深く関係しているようです。砂漠で生活するほかの動物たちと同じく、猫もおしっこを高濃度に濃縮する能力を持っており、水が少ない環境でも生きていくことができるのです。一方で、その代償として、**膀胱炎《ぼうこうえん》や尿路結石《にょうろけっせき》、便秘になりやすい**という特性も持っています。さらにシニア猫では、口の渇きに対してさらに鈍感になる傾向があります。そのため、**水分摂取を促すことが猫の健康維持に重要**だという考え方が広まっています（飲水を促す方法は↓90ページ）。

そんな喉の渇きに鈍い猫が、「最近よく水を飲むようになった……」という場合、病気が隠れている可能性が高いことを覚えておきましょう。特に、シニア猫がなりやすい三大病である**「慢性腎臓病」「糖尿病」「甲状腺《こうじょうせん》機能亢進症《きのうこうしんしょう》」**はすべておしっこの量が異常に増え、喉が渇き、水をよく飲むことが特徴です。「最近、なんだかよく水を飲むなあ……」と思い、動物病院で血液検査をすると、血糖値が非常に高く、いつの間にか糖尿病になっていた……なんてケースもよくある話です。

水を飲みすぎているかどうかを知るためには、飲水量を測ってみましょう。正確な飲水量を測る場合は、次ページのように、蒸発量を考慮に入れた方法で測るとよいでしょう。あくまでも目安ですが、**「体重（kg）×50mL」以上飲んでいる場合は水の飲み過ぎ**かもしれません。猫ごとに水の飲む量には個体差があるので、日ごろから飲水量を測定しておき、増加していないかどうかチェックしておきましょう。またウェットフードを与えている場合は、ウェットフードの量（g）×0.7〜0.8mLが食事から摂取している水分量（mL）として足し算してください。

注意が必要なのは、糖尿病などの病気があるからといって、必ずしも水をよく飲むようになるとは限らないことです。というのも、これらの病気では必ずおしっこの量の増加が先行し、それによって体内の水分量が減り、喉が渇きます。しかし、猫は喉の渇きに対する欲求が弱いので、猫によってはおしっこの量が増えても水をあまり飲まないケースもあるのです。そのため、飲水量だけでなく、おしっこの量や回数もあわせてチェックしておくことがとても大切です。

先輩たちの経験談

特別ブレンドで水分補給

マリン　北海道・8歳・♀

狭いリビングに3か所も水を置いてますがあまり飲んでくれないので、**ドライフードとぬるま湯を混ぜた上からウェットフードをのせています**。喜んで、食べる前に飲んでます。これで1日80mlは最低でも摂取できているはず……。［ちょこらさん］

飲んだ水の量の測り方

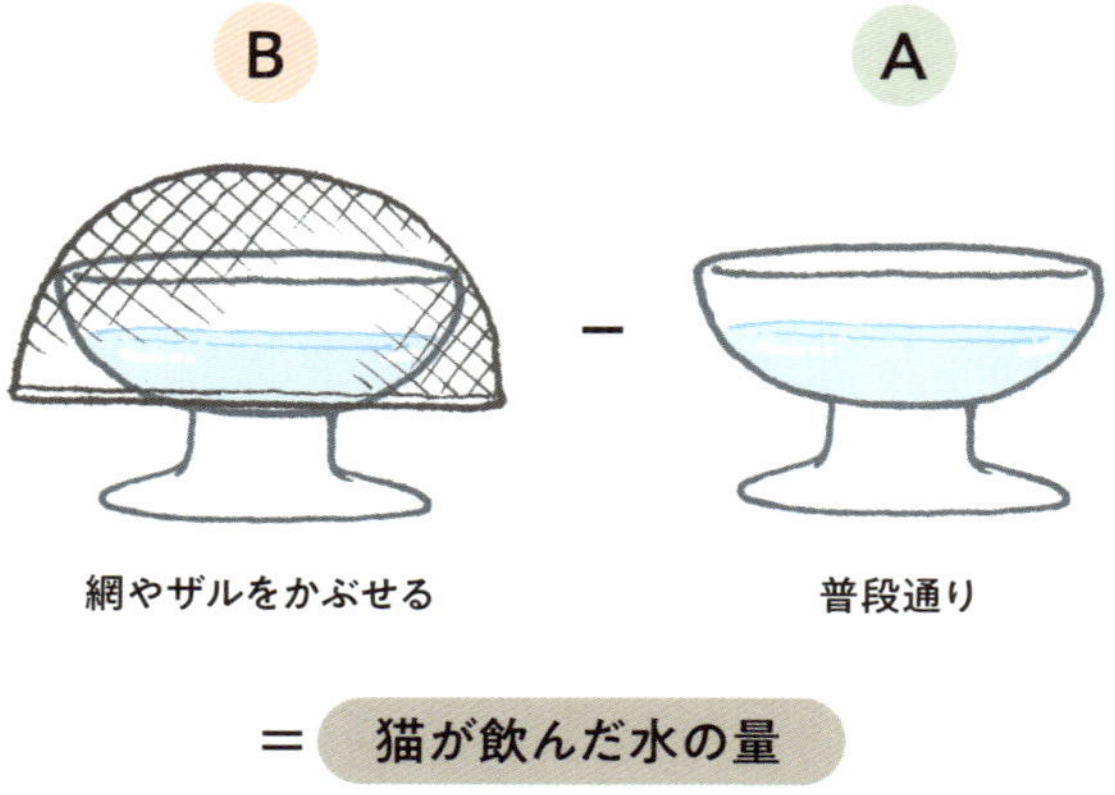

正確な飲水量を測る場合は、蒸発する量を考慮した方法で測りましょう。

まず、同じ形の水入れを2つ用意し（A・B）、両方に同じ量の水を入れましょう。Aは普段通り猫が自由に水を飲める場所に置き、同じ部屋の中に猫が飲めないように網やザルをかぶせたBを置きます。Bは蒸発量を調べるためのものです。1日の終わりに水の量を測りましょう。**Bの残りの水の量からAの残りの水の量を引くと、猫が飲んだ水の量**になります。数日測定して、平均するとより正確な量になります。

Aだけ用意して日常的に測定・記録するだけでも、変化に気づくためのきっかけづくりになります。

尿の量の測り方

〈固まる猫砂の場合〉

固まる砂は猫に好かれやすい反面、正確な尿量を測ることは難しいです。おしっこの塊の大きさでだいたいの尿量を把握できます。水50mLを砂に注いだときにできる塊を測っておいて、おしっこの塊と大きさを比べるとわかりやすいです。我が家ではCatlog Boardを使って正確な尿量を自動で記録しています。

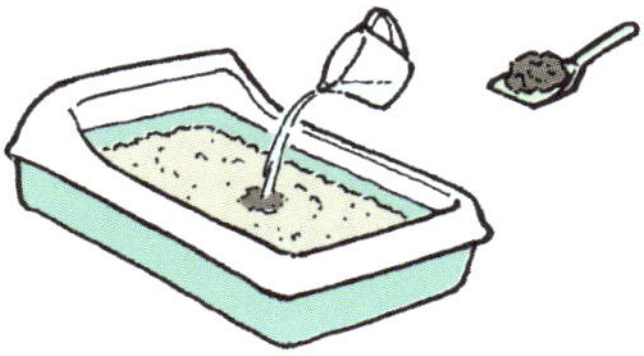

〈すのこのシステムトイレの場合〉

ペットシーツの重さを測ることで、尿量を測定することができます。使用後のペットシーツの重さから、未使用のペットシーツの重さを引きましょう。ペットシーツは、猫砂よりもおしっこの量が比較的測りやすく、**色も観察しやすい**というメリットもあります。

一方でシステムトイレは、猫が嫌う傾向があるので注意が必要です。

トイレを失敗するようになった

トイレの失敗（粗相）は、猫と暮らしている中で飼い主さんを悩ます問題のひとつです。例えば、おふとんやカーペット、洋服などにおしっこをしてしまうというケースです。猫のおしっこは臭いがきついですから、泣く泣く処分したという話もよく聞きます。

トイレの失敗のよくある原因は、**猫がトイレを気に入っていない**というケースです。つまり、猫トイレよりもおふとんやカーペットのほうがトイレとして気に入ってしまっている、ということです。トイレを気に入っているかどうかは、トイレを使うときの猫の仕草をよく観察してみましょう。トイレの縁に足をかけたり、トイレ以外の壁や床をかいたりしている場合は、トイレに不満があるサインです（↓48ページ）。この場合は、おふとんやカーペットよりも快適なトイレを準備してあげる必要があります。

猫は**横幅50㎝以上の広いトイレで、鉱物系の猫砂を最も好む**ということが複数の実験で裏付けられています。猫砂の量も重要で、トイレの底が見えるのは少なすぎで、ケチらずにたっぷりと入れてあげるようにしてください。また、システムトイレは飼い主にとっては便利ですが、ウッドチップの粒が大きいせいか、猫が嫌う傾向があるようです。システムトイレを使用していて、粗相に困っている場合は、鉱物系の猫砂や粒の小さいウッドチップを試してみましょう。

トイレの失敗でよくあるもうひとつのケースは、**泌尿器疾患《ひにょうきしっかん》（おしっこの病気）**です。特に特発性膀胱炎《とくはつせいぼうこうえん》や尿路結石《にょうろけっせき》や尿道栓子《にょうどうせんし》（おしっこ中の沈殿物がかたまったもの）がおしっこの通り道に詰まった状態（尿路閉塞《にょうろへいそく》）によく見られる症状です。この場合は、トイレを出たり入ったりする、排尿時に力んだり、痛そうに鳴く、おしっこに血が混ざるといった症状も見られます。場合によっては命に関わる危険なサインなので、注意が必要です（↓60ページ）。

加齢によっても、トイレを失敗するようになるケースはよくあります。例えば関節に痛みがある場合や移動が難しくなってしまった場合は、トイレまで間に合わずに漏らしてしまう……ということも。また、認知機能が低下することによって、トイレの場所がわからなくなってしまって、漏らしてしまう……というケースもあります。トイレの工夫をしたり（↓102ページ）、おむつを使用したりする必要が出てくるかもしれません。

いずれにしても、トイレを失敗するようになった……というのは、注意が必要なサインですので、動物病院の受診や環境の見直しが必要なケースがほとんどです。

先輩たちの経験談

慢性腎臓病のサイン

みゆ

沖縄・16歳・♀

現在16歳。気がついたきっかけは多飲です。お水を一日数回、**ごくごくと音を立てて飲んでいた**ため血液検査したところ慢性腎臓病の診断となりました。数値的にはステージ2です。フードは好き嫌いが激しいので腎臓配慮の高齢猫用の市販食を与えています。

［にゃこー@ねこ垢さん］

「トイレに不満あり」サイン

こんな様子が見られたら、改善のサイン…？

典型的な「トイレに不満あり」のサインは、

・トイレの縁に足をかけ、肉球に砂が触れないようにしている
・トイレ以外の壁や床をかく
・空中を前足でかく
・なかなか排泄《はいせつ》しない（ポーズが決められない、出たり入ったりする、など）
・排泄後、砂をかかずにトイレから飛び出す・トイレの回数が少なく（通常は1日2〜4回）、1回の排尿時間が40秒〜50秒程度と長い（通常は20秒程度）

などです。

このような仕草がある場合は、今のトイレよりも快適なトイレを用意してあげる必要があります。

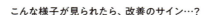

猫にとっての理想のトイレ

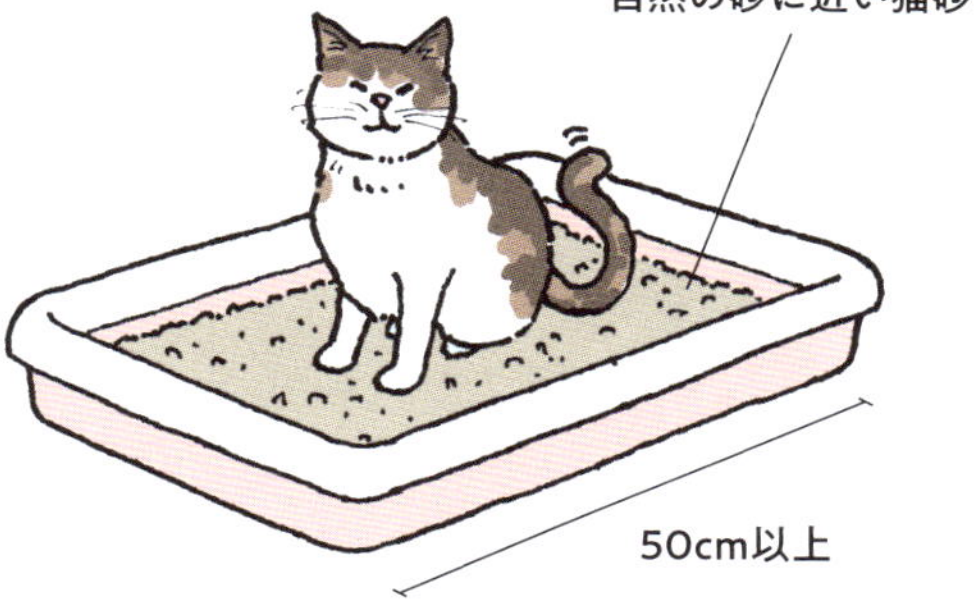

猫のトイレの好みはいくつかの実験で明らかになっています。幅が50cm以上ある広いトイレで、自然の砂に近い猫砂が最も好まれる傾向にあるようです。

トイレのカバーの好みは猫によって、異なるようです。**うちのにゃんちゃんはうんちはカバーありで、おしっこはカバーなしというふうに使い分けているよう**です。

また最近よくみる、上から入れるトイレは猫砂が飛び散りにくく、飼い主にとっては嬉しいトイレですが、関節に痛みのある猫にとっては辛いトイレかもしれません。もちろん、トイレの好みには個体差があるので色々試してみるとよいです。

よく吐くようになった

私たち人間が吐いてしまう場合、体調不良や何らかの胃腸の病気である可能性が高いですよね？　しかし、猫は嘔吐《おうと》したからといって、必ずしも異常があるとは限りません。多くの飼い主さんが体感していると思いますが、猫は人に比べて嘔吐しやすい動物だからです。猫はもともと獲物を丸呑みし、消化できない毛などを吐き戻すという食事スタイルでした。また、一日の多くの時間をグルーミング・毛づくろいに費やすため、飲み込んでしまった毛を吐き出す必要があります。このような理由から、猫は比較的嘔吐をしやすい体質なのです。

そのため、**愛猫が吐いてしまったからといって、すぐに焦る必要はありません**。問題のない嘔吐と病気を心配する必要がある嘔吐の見分け方を知っておきましょう。様子を見ても問題がないことが多い嘔吐の特徴は、毛玉を吐いたとき、食後すぐに吐いたとき、吐いた後も元気があり食欲もあるときなどです。特に早食いや空腹で吐いてしまう猫は結構います。その場合は、知育トイや早食い防止皿を使ったり、食器を高くしたりすることで、改善することもあります。

一方で、1日に数回以上吐く、数日間にわたって吐く、長期間にわたって吐く、元気や食欲がない、体重が減っている、尿が出ていない、お腹が張っている、下痢やけいれんなど他の症状を伴う、血が混じる（暗赤色・茶色の嘔吐物）、糞便の臭いがするといった場合は病気や異物誤飲の可能性が高いので、動物病院を受診しましょう。

加齢に伴う嘔吐の増加も、病気の可能性があります。特に多いのは甲状腺機能亢進症《こうじょうせんきのうこうしんしょう》、胆管肝炎《たんかんかんえん》などの肝疾患、小腸のがん（腺癌《せんがん》やリンパ腫《しゅ》）、慢性膵炎《まんせいすいえん》、炎症性腸疾患《えんしょうせいちょうしっかん》（IBD）などです。同時に**毛並みが悪くなっていないか、水やおしっこの量が増えていないか、体重が減っていないかなどをチェック**しましょう。発見が遅れると手遅れになるような病気の可能性もあるので、気になることがあれば動物病院を受診することをおすすめします。

近年の研究から**月3回以上の嘔吐が少なくとも3ヶ月以上続く場合**は、胃腸の病気や悪性腫瘍《しゅよう》（リンパ腫など）の可能性があるという研究結果も出ており、「猫は吐きやすい動物だからと軽く受け止めるのではなく、慢性的な嘔吐については真剣に受け止めるべきだ」と警鐘を鳴らす研究者もいます。もし、嘔吐が慢性的に続くようなら、一度精密検査を受けた方がよいでしょう。

先輩たちの経験談

お水をどうしても飲まないときは……

スコ様

愛知・18歳・♀

我が家の腎臓病の子（昨年旅立ち）が、お水をなかなか飲まないときがあって、とにかくいろんなお皿でいろんな場所に手当たり次第にお水を置いていました。アパートですが10ヶ所くらい（笑）。それでもどうしても飲まないときは、**猫用のボーンブロスを1日かけて作って飲ませていました！**

［Yukoさん］

嘔吐《おうと》物から原因を見極める

嘔吐《おうと》物からもある程度、嘔吐の原因を見極めることができます。

例えば、**未消化のフードを吐いている場合**は、早食いが原因のことが多いです。フードを噛まずに丸呑みして、そのまま吐いてしまうという感じ。また白色（透明）や黄色い液体や泡を吐いている場合は、空腹が原因の可能性があります。自動給餌《きゅうじ》器などを使って、食事を複数回に分けて、空腹の時間を短くする方法が効果的な場合があります。

長毛の猫や季節の変わり目の換毛期には、毛玉の嘔吐が増えることもあります。こまめなブラッシングが効果的です。

一方、**ピンクや血混じりの液体を吐く場合**は、胃腸や口からの少量の出血が疑われ、暗赤色、チョコレート色の嘔吐物は胃腸からの多量の出血が疑われます。動物病院を受診しましょう。

猫はなぜ猫草を食べる？

3匹の猫さんたちの憩いの場。井戸端会議ならぬ、猫草端会議!?

「猫は肉食動物なのになぜ猫草が好きなのだろう？」と不思議に思ったことはありませんか？

猫が草を食べる理由には諸説ありますが、腸の動きをよくして寄生虫を排出していたのではないかという説が有力です。チンパンジーなどの霊長類も草を食べて寄生虫から身を守っていたそうです。

毛玉を吐かせるために猫草を与えることもありますが、効果はあまりありません。こまめなブラッシングのほうが効果的です。絶対に与えなければいけないものではなく、「嗜好品」のようなものという認識でかまいません。

画像提供：satomi🐈さん

PART 3

心はどう変化する？

猫の気持ちを想像するとき、ついつい人間の感覚で考えてしまいがちですが、**猫と人間は全く異なる感覚を持った動物**です。人間の感情はそのまま猫には当てはまりません。特に猫は言葉を喋ることができないので、猫の感情を正確に把握するためには、**行動から読み解く**必要があります。ここでは、行動学を専門とする獣医師が用いる「猫の８つの感情の分類」を紹介します。

1. 欲しいものを求める（Desire-seeking）：食べ物や水、快適な場所など、猫が生きていくために必要なものを探すための感情です。

2. 遊びたい（Social play）：他の猫や人と遊ぶことで、自分の能力を試したり学んだりします。特に子猫は、この感情が強い傾向があり、よく遊びたがります。

3. お世話をしたい（Care）：他の猫や人のお世話をしたいと思う感情です。他の猫やペットにグルーミングするときなどは、この感情の現れでしょう。

4. イライラする（Frustration）：思った通りにいかないときや欲しいものが手に入らないときに感じる感情です。この感情が強くなると、攻撃的な行動をすることがあります。

5. 恐怖・不安（Fear-anxiety）：危険を感じたり、安心できないときに感じる感情です。この感情があると、猫は逃げたり隠れたりして、危険を避けようとします。

6. 痛い（Pain）：体のどこかが痛いときに感じる感情です。痛みがあると、猫はそれを避けるために特定の行動をとります。特に**関節炎などが増えるシニア猫では、痛みに伴う行動の変化**がよく見られます。

7. パニック・悲しい（Panic-grief）：特に子猫が親や兄弟から離されたときに感じる感情です。また仲のよい同居動物や飼い主がいなくなると、この感情を感じることがあります。

8. 性的な欲求（Lust）：繁殖期に異性を探したり、交尾をしたりするための感情です。未去勢・未避妊の猫ではこの感情が強く現れます。

加齢による心の変化は個体差が大きいですが、一般的に不安を感じやすくなるためか、**甘えん坊になったり、分離不安症になったりする**ことがあります。一方で、遊びたいという欲求は若いころに比べて減り、静かで落ち着いた生活を好む傾向があります。また、健康状態が変化することにより、痛みや不安感が増すこともあります。

ったところ①

先輩飼い主さんに聞きました

01 人と同じで足腰が……

階段を上がって２階に行かなくなりました。寝て起きると手（前足）をかばうように歩くように。しばらくすると治るので気にしていなかったのですが、獣医さんに相談したら**「人間と同じで関節が痛くなるんだよー」**と言われました。

［めめすけさん］

ミー
東京・22歳・♀

02 変化にあわせた対応を

スコ様
愛知・18歳・♀

シマシマ
愛知・15歳・♂

年とともに**毛づくろいが減り、毛割れが増えました**。ブラッシングは大好きな子だったので、ドライシャンプーで少しだけ湿らせてブラシして、少しはマシだったかなと思います。**爪はかなり厚くなってくる**ので、ギロチン型爪切りが使えなくなり、ハサミ型のネコ用爪切りを使っていました！

［Yukoさん］

03 写真に残した変化の記録

鼻周りの模様が変化しました！
３か月くらいのころは模様はほぼなかったのですが、だんだん模様が出てきて、13歳ではひげの下に茶色い模様がはっきりと！　［さくらもえぎさん］

→

ぽんず
茨城・14歳・♂

年を重ねて変わ

04 孤高のメス猫のかわいい変化

19才のうちの子は、無口で我慢強かったのですが、して欲しいことがあると**鳴いて伝えてくれるように**なりました。抱っこも大好きに！

孤高のメス猫的だったのが、人の側にいることが増えました！

［mocha（モカ）さん］

ルカ
埼玉・19歳・♀

バニラ
埼玉・16歳・♂

にゃんとす
ワンポイント

年を取ると、今までできていたことがだんだんできなくなっていくのは仕方のないこと。**愛猫の加齢に伴う変化を知り、それにあわせて環境を整えていきましょう。**甘えん坊になる子も多いので、一緒に過ごす時間を増やしてあげることも大切です。

05 気を許した甘えん坊

甘えっ子でよりはっきり意思を示すようになりました。

「高いところに背中タクシーで運んで！」

「庭に出たいから抱っこしてもいいよ」

「スマホやめれ」「膝動かすにゃ！」……。

可愛すぎて晩年甘やかしまくりでした！

［いちろくさん］

たら
カリフォルニア・14歳・♀

ったところ②

01

穏やかな時間が愛を育む

一緒に過ごす時間を重ねたことで、お互いのことをより理解し合えて**愛情がさらに深くなった**なと感じます。

あと若いときと比べて穏やかになるので、ゆっくりとした時間を一緒にすごせます。同居の若い猫がめちゃくちゃアクティブなので差が顕著です（笑）［グリさん］

もも
千葉・14歳・♀

なつめ
千葉・2歳・♂

02

抱っこNGだったけど……

うちの子はシニアになってから性格が穏やかになり、甘えん坊になりました！

以前は抱っこNGで、膝に乗ったり、一緒に寝たりは全然しなかったのですが、最近は**べったりくっついてくるようになり、嬉しくてたまりません**。

それからおしゃべりになって色々要求してきます（笑）　可愛くてたまりません！

［さくらもえぎさん］

ぽんず
茨城・14歳・♂

年を重ねて変わ

03 シニアならではの「包容力」

私は初めて迎えたのが10歳の猫（現在13歳）で、猫ってこんなに**「包容力」**があるんだぁと驚きました。甘えてくれるし、人間を甘えさせてもくれる……。添い寝や、しんどいときに呼ぶと「やれやれ」といった感じで来てくれます。シニア猫ならではの余裕かしら、と。

［ma × yu さん］

さばお
東京・13歳・♂

04 「仕方ないニャ～」とわかってくれるように

こうすけ
神奈川・15歳・♂

「**説得やお願いに応じてくれること**が多くなった」と感じる機会が増えました。まだ寝室に行きたくなくてゴネている愛猫に対して、ダメ元で「みんな寝ちゃったし、もう寝る時間だよ。だから寝ようね」と説得していたら渋々応じてくれました！

［つぶさん］

05 なでてほしがる姿が愛おしい

目が見えないせいか、**私がそばで触ってないと鳴いてばかり**です（笑）
もう私の顔も見えないんだと思うと悲しいですが、私を探して鳴いている姿も可愛いです！　愛おしくなります！

［chibikun さん］

けだま
神奈川・21歳・♂

にゃんとす ワンポイント

子猫のころが可愛かったのはもちろんですが、年を取るにつれてどんどん可愛さが増していきますよね……！　うちのにゃんちゃんも、**10歳ごろから、甘えん坊が加速しはじめ、今ではデスクワークの際は必ず膝の上。**とっても迷惑です（嬉しい）。

PART 4

見逃さないで！危険なサイン

後ろ足を引きずる、立てなくなる、鳴き叫ぶ

「大動脈血栓塞栓症《けっせんそくせん》」という病気の典型的な症状です。大動脈血栓塞栓症は、肥大型心筋症などの心臓病が原因でできた血栓によって後ろ足に血液を送る腹部大動脈が詰まってしまう病気で、亡くなってしまうケースが多く、非常に危険な病気です。腰が抜けたようになり、激しい痛みを伴い、強い痛みで暴れまわる猫もいます。**約8割が両足で起こり、片足で起こった場合よりも経過が悪い**ことが知られています。

また心臓病の急激な悪化により、呼吸の異常も見られます。血管が詰まっているので、**足の先が冷たくなっている**こともあります。このような症状が見られた場合は迷わず、動物病院を受診しましょう。またこの病気が恐ろしいのは、何の前触れもなく、突然起こることが多いということです。肥大型心筋症をはじめとした心臓の病気は、症状に気づかないまま進行していることがあります。健康診断で聴診や心臓のエコー検査などを受けることで、愛猫の発症リスクを把握しておくことができます。

呼吸がおかしい、咳をする

口を開けて呼吸をしている・おすわりやフセの姿勢のまま首を伸ばし、頭を上げて呼吸をしている・鼻をヒクヒクさせて呼吸している・胸とおなかが大きく波打つように別々に動く・からだ全体で呼吸する・頭を上下に動かしながら呼吸する・咳が出る・舌や歯肉の色がピンクではなくむらさき色になっている（チアノーゼ）などは非常に危険なサインです。心臓病の悪化や胸や肺に水がたまった危険な状態の可能性があります。特に**鼻をヒクヒクさせる「鼻翼呼吸」や、からだ全体を使って呼吸する「努力性呼吸」**は、飼い主さんが見落としがちな危険な症状です。

また猫の咳は、飼い主さんが嘔吐《おうと》と間違えやすい症状です。多くの飼い主さんがYouTubeなどの動画サイトで「猫のこんな呼吸に注意！」と愛猫の異変をとらえた動画をアップしてくれていますので、「猫 呼吸」や「猫 咳」でぜひ検索してみてください。残念なことに、なかには数日後に亡くなってしまった猫もいます。また、鼻のひくひくとした動きは、おもちゃでいっぱい遊んで息が切れた様子を観察してみると理解しやすいですよ。

おしっこが出ない、出にくい

尿路結石《にょうろけっせき》や尿道栓子《せんし》は放っておくと命に関わります。トイレから出たり入ったりする・排尿ポーズをとってもあまりおしっこが出ない・血尿が出ている・おしっこのときに痛がったり鳴いたりするは典型的な「おしっこ詰まったサイン」です。

特にオス猫は尿道が非常に細く、詰まりやすいので要注意です。このような症状がある場合は非常に危険な状態ですので、すぐに動物病院を受診しましょう。

けいれん

けいれん発作の原因は様々です。例えば、特発性てんかんや脳腫瘍、脳炎などの、脳の病気や肝臓・腎臓の疾患、低血糖や低カルシウム血症などの代謝異常、中毒や熱中症などが考えられます。命に関わることもある危険な病気がほとんどなので、注意が必要です。けいれん発作が起こったときは、**猫を抱きかかえたり、触ったりするのはNG**です。飼い主さんや猫が怪我をする可能性があります。初めてけいれん発作に遭遇した際はパニックになってしまうかもしれませんが、まずは落ち着いて発作の様子を動画に撮っておくと獣医師の診断の助けになります。

強い痛みがあるサイン

強い痛み（急性疼痛）がある場合、顔を歪めるような表情の変化が猫でも見られることがわかってきました。**目を細める、ウィスカーパッド（口元）の緊張、耳を外に向ける、ヒゲを真っ直ぐ前方にピンっと伸ばす、顔が肩の位置より下がる**という変化がある場合は、耐えがたい強い痛みを感じているかもしれません。最近、モントリオール大学の研究チームが猫の表情から痛みを評価する指標「FELINE GRIMACE SCALE」を開発しました（次ページ）。これは主に獣医師が猫の痛みを客観的に評価する指標ですが、飼い主さんもいざというときのために、この顔の特徴は覚えておくとよいでしょう。

この評価方法は急な強い痛み（急性疼痛）のみ有用です。ジワジワと痛む慢性疼痛などは表情ではなく、**猫の行動の変化を観察**しましょう。性格が変わった、高いところに登らなくなった、攻撃的になった、トイレを失敗するようになった、グルーミングが減った、食欲が落ちたなどは痛みのサインです。典型的な例は関節炎です。

元気や食欲がない、短時間に何度も吐く、よだれが大量に出ているなども一刻を争うケースが考えられます。

痛みのサインの見分け方

痛みなし

- 耳は前向き
- 口元はリラックスしている
- ひげもゆったりしている

やや痛みあり

- 耳が少し倒れて離れる
- 目を少し細める
- ひげは少し曲がっているかまっすぐ

痛みあり

- 耳が外側に向き、平らに倒れる
- 目は細くなる
- ひげと口元は緊張している

表情だけでなく、体に力が入っている、さわると嫌がる、唸るように鳴く、落ち着きがない、隠れる、遊ぼうとしない、体の一部を過剰に気にする（舐める、噛む）、なかなか寝付けないなど、行動にも変化があります。

表情はあくまで指標のひとつです。

痛み表情なし

痛み表情あり

画像提供：株式会社 Carelogy（左下除く）

AIで痛みを検知「CatsMe!（キャッツミー）」

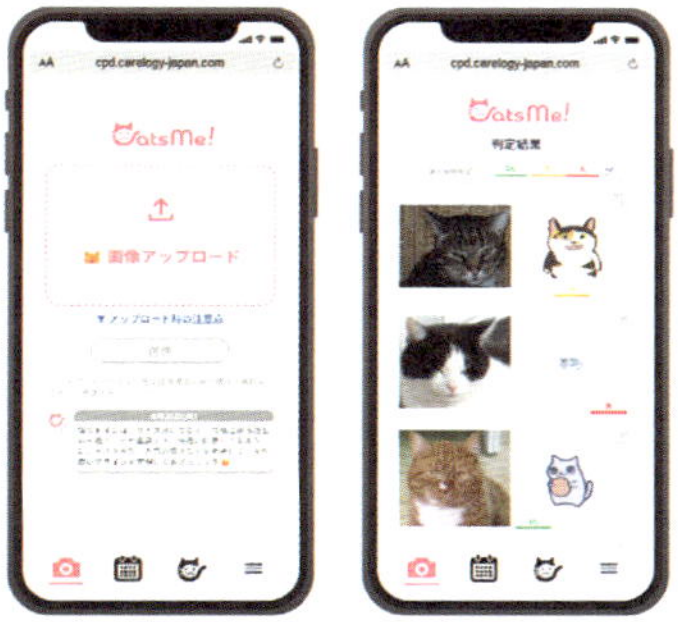

画像提供：株式会社 Carelogy

FELINE GRIMACE SCALEを基に専門家が大量の猫画像を振り分け、開発されたAIサービスとして「CatsMe!」があります。

猫の顔画像をアップロードするだけでAIが表情分析してくれ、数秒で結果が表示されます。カレンダーへの結果の保存もでき、日々の体調管理に役立ちます。

COLUMN

日々の健康観察

正しい体重の量り方

猫が体重計の上でじっとしてくれない場合は、**大好きな袋やダンボールごと体重計に乗せちゃいましょう！** あとから袋や箱の重さを引けば、簡単に体重が量れます。シニア期は特に体重が落ちていないか、定期的にチェックしましょう。

また、体重計は**5〜10g単位で測定できるペット用のもの**がおすすめです。人間の体重計は100g単位が一般的ですが、これだと大雑把すぎます。単純計算で、5kgの猫にとっての100gは、50kgの人間にとっての1kgに相当しますよね。細かな体重変化を把握するためにも、より正確に量れる体重計を選びましょう。

健康観察記録の付け方

愛猫の健康管理で特に重要な項目は、体重・飲水量・トイレの回数・尿量などです。しかしこれらの記録をマニュアルで行うのはかなり大変……。ましてや多頭飼育のおうちでは、正確な記録をつけることはほぼ不可能です。

我が家では**首輪型デバイス「Catlog」**（左）とトイレの下に敷く**ボード型デバイス「Catlog Board」**（右）を使って、にゃんちゃんの行動やトイレの記録をスマホで管理しています。

これらのデバイスを使うと、愛猫の行動やトイレに関する全13項目が自動で記録されます。月額料金はかかりますが、重宝しています。

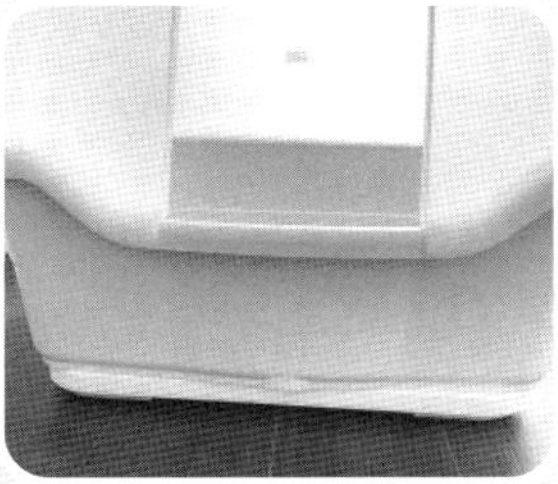

食が細くなったり、
関節が痛むようになったり。
少しずつ、
でも確実に年を重ねていく猫。
ともに過ごした月日の長さだけ、
愛情と信頼関係が深まっていく。
ずっとずーっと
幸せに暮らしてほしいから。

第2章 健康長寿な幸せぐらし

はじめに

健康長寿のための食事と環境

第1章では、年を重ねた猫の変化について、見た目、体質・行動、心の3つの観点から見ていきました。痛みを隠す猫だからこそ、日ごろのコミュニケーションや観察が欠かせません。

そんなシニア猫に健康で長生きしてもらうためには、どんなことが必要でしょうか？

ここでは、**健康長寿を支える2つの柱——食事と環境**について、扱っていきます。

健康を維持するためにはしっかりと栄養をとることが必要です。食事は健康に直結するので、多くのシニア猫の飼い主さんたちが悩むことでもあります。ぜひ、この章で基本的な知識やポイントを押さえてください。

また、猫が快適と感じる環境は人間とは異なります。猫が好きな環境はある程度明らかになっていますが、関節炎などシニア猫ならではの配慮しなければならない事柄があります。猫が年を取っても快適に過ごせる環境づくりについて、一緒に考えていきましょう。

間違いやすい「食」と「暮らし」のあるある7選

シニア猫と暮らすに当たって、
間違いやすい「あるある」をリストにしました。
間違いだとわかる人も、なぜなのか、
そしてどのような対応がよいのかわかるか、
チェックしてみてくださいね！

1. よいキャットフードを選ぶためには、原材料が最も大事だ

2. 便秘気味だったので、消化器サポートという療法食に自己判断で変えてみた

3. 病気で食欲が落ちたときは、嫌がっていても積極的にシリンジでの給餌（強制給餌）を行うべきだ

4. 飲水は食事の隣にだけおいておけばよい

5. 年を取ってからは関節痛があるので、おもちゃで遊んであげる必要はない

6. 愛を伝えるために、猫が嫌がっても積極的になでるようにする

7. 猫がリラックスできるように、アロマを焚くとよい

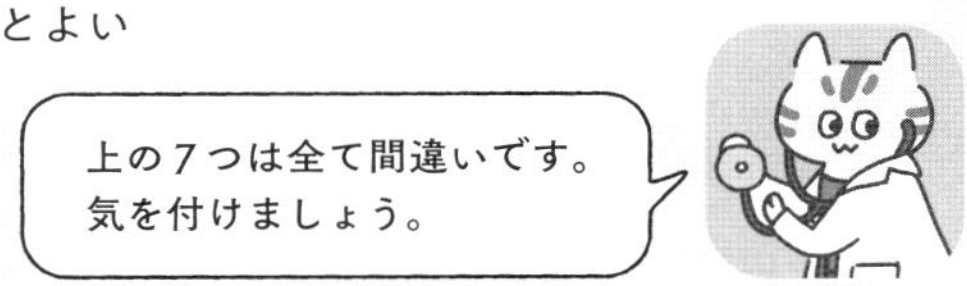
上の７つは全て間違いです。
気を付けましょう。

PART 1

食事の工夫

食事で栄養をしっかりとることは、健康長寿のために最も重要なことです。しかし、年を重ねると、嗅覚や味覚の衰えや病気の悪化によって、食欲が落ちてしまうことも少なくありません。きちんと栄養をとってもらうために必要なことを5つの視点で見ていきましょう。

①シニア猫のためのフードの選び方（↓74ページ）

シニア猫の体質に合わせたフード選びが重要です。フードの選び方や食事量の決め方など、基本を押さえていきます。

②効果が高い分、注意が必要な療法食（↓78ページ）

猫の療法食は薬に匹敵するほど効果の高いもので、獣医療においては重要な治療の柱のひとつです。効果が大きい分、自己判断で与えることは避けてください。代表的な療法食についても解説します。

③ごはんを食べてもらうコツ（↓82ページ）

食欲の低下はシニア猫と暮らす中での最も大きな悩みでしょう。食欲を刺激するためのよくある解決策から、先輩飼い主さんたちの経験談・工夫を紹介します。

猫1匹1匹によって解決策は異なりますから、皆さんの工夫を参考に、ぜひおうちの猫にあった方法を探してみてください。

④食欲が落ちたときの介護食（↓86ページ）

猫が自力でごはんを食べられなくなったとき、介護食を検討しましょう。介護食のほか、栄養チューブなどの医療的な対応策についても解説します。ごはんが食べられなくなったときに、どんな選択肢があるか知っておきましょう。

⑤水を飲んでもらうコツ（↓90ページ）

猫の健康維持には十分な水分補給が欠かせません。猫の大半は年とともに腎機能が低下し、尿量も増えていくため、必要な水分量をきちんととれるような対策が必要です。先輩飼い主さんたちの工夫も一緒に紹介します。

シニア猫のためのフードの選び方

シニア猫のためのキャットフードの選び方のポイントは次の4つです。

①ウェットフードを取り入れる

年齢を重ねると、喉の渇きを感じ取るセンサーが鈍くなり、自分からあまり水を飲まなくなります。腎臓の働きも悪くなり、体の水分がおしっことして出ていきやすくなってしまいます。あまり水を飲まず、水分もどんどん出ていってしまうので、シニア猫は脱水症状になりやすいのです。

このような脱水状態が続くと、隠れている内臓疾患を悪化させたり、体温調節機能を弱らせたりしてしまいます。ドライフードだけでなく、ウェットフードを食事に取り入れることで、**効率よく水分を摂取する**ことができます（↓90ページ）。ドライフードとウェットフードを両方与える場合は、なるべく同じメーカーの対応する製品を与えるようにしましょう。ロイヤルカナン、ヒルズやピュリナがおすすめです。

②体質や体型にあったフードを選ぶ

第1章で解説したように、10歳ごろまでは代謝が落ちて太りやすくなり、11歳を超えたころから逆にやせやすい体質に変化していくのでした。しかし、これはあくまでも一般論です。老化のスピード（生物学的年齢）は猫ごとに異なります。11歳でも太り気味の猫の場合は、低カロリーのキャットフードを与えるべきですし、逆に9歳で体重や筋肉量が落ちてきている場合は11・12歳以上向けの比較的高カロリーかつ良質なタンパク質を含むキャットフードを与える必要があるかもしれません。キャットフードのパッケージに書かれた**〇歳以上はあくまでも目安**で、ボディコンディションスコアやマッスルコンディションスコアを使って正しく体型を評価し、最適なフードを選ぶことが大切です。また、便秘や下痢をしていないか、毛艶が悪くなっていないかもチェックしましょう。

③抗酸化成分やオメガ3脂肪酸を含むフードを選ぶ

シニア向けのキャットフードは抗酸化成分（ビタミンE、ビタミンC、βカロテンなど）やオメガ3脂肪酸（EPAやDHA）を含有していることが多いです。これらの成分は関節や免疫系の健康維持、認知症の機能をサポートする効果があります。

④病気が見つかったら獣医師と一緒に食事を決める

年を取ると、病気が見つかってしまうこともあります。獣医療では、**食事療法は治療の大きな柱**のひとつです。獣医師と相談して食事内容を決めるようにしましょう（↓78ページ）。

先輩たちの経験談

とら

福島・16歳・♂

べりー

福島・10歳・♀

いつでも水を飲める環境づくり

各部屋に水を置いています。**同じところにマグカップと水入れと2つ**置いたり、猫がよく通る廊下にも置いています。猫の気が向いたらいつでも飲めるようにしています。［bebeさん］

食事量の決め方

猫の1日の必要カロリー数はスマートフォンなどの電卓を使って、次の手順で計算してみてください。

①体重×体重×体重（ここで一旦イコールを押す）
②ルート（√もしくは2√）を2回押す（iPhoneの場合は、横向きにすると関数電卓になります）
③70をかける
④係数をかける

係数は猫の年齢や状態によって変わります。避妊去勢済みの成猫は1.2、未去勢・未避妊の成猫は1.4、シニア猫は1.1が目安です。例えば5kgのシニア猫の場合、係数1.1としておよそ257.4kCaになるはずです。これをもとに食事量を計算してみましょう。100gあたり400kCaのドライフードを与えている場合は、1日の食事量は257.4÷400×100＝64.35gとなります。計算が複雑でわからない場合はネットに自動計算ツールがあるので、活用してみてください。またこの食事量はあくまでも目安なので、愛猫の体重や体型を見ながら、調節するようにしましょう。

原材料にはこだわりすぎない

ネットでおすすめのキャットフードを調べると、「原材料へのこだわり」、特に「グレインフリー」や「ヒューマングレード」と呼ばれるキャットフードがよく推奨されていますが、他のフードよりも健康に優れている科学的根拠はないことに注意しましょう。

「グレインフリー」とは、穀物を使わずに作られたキャットフードを指します。「野生の猫は穀物を食べないから、猫にとって穀物は悪い」というのですが、それはあくまで野生での話。キャットフードに含まれる穀物は適切に調理されているため、猫でも容易に消化でき、栄養源として利用できることがわかっています。穀物アレルギーになりやすいという情報もデマです。グレインフリーフードのなかには、**腎臓の負担となるリンの含有量が多いものや、脂質が多くハイカロリーのものがある**ため、注意が必要です。

「ヒューマングレード」とは、人間と同じレベルの食材を使用したフードです。しかし、猫は肉食なので、人間とは食性が大きく異なります。そのため、**人間にとってよい食材が猫にもよいとは限りません**。たとえば、血生臭いがために人間の食用に適さない魚の血合い肉などは、猫にとっては高栄養な食材です。このように、原材料やマーケティング用語に惑わされず、愛猫の健康状態や体質に基づいて選ぶようにしましょう。

効果が高い分、注意が必要な療法食

歳を重ねてくると、動物病院で「療法食」を処方されることがあります。療法食とは、**特定の病気に対して治療効果があるフード**のことです。例えば、尿路結石《にょうろけっせき》や便秘、慢性腎臓病などのときに療法食による食事療法を実施することが多いです。しかし、療法食を自己判断で与えるのは絶対にNGで、必ず獣医師の指導のもと与えなくてはいけないことを覚えておいてください。キャットフードくらいで大袈裟な……と思うかもしれませんが、ペットの療法食はもはや薬レベルの高い治療効果を持っているのです。

人間の食品の中にも体によいものって結構ありますよね。でもその多くは、「含まれる成分にこういう効果があるので、きっと〇〇病によいだろう」といった程度の話です。ペットの療法食はその程度の話ではありません。

例えば、慢性腎臓病の猫は、**適切な時期に療法食を与えることで寿命が大きく延びる**ことが科学的に証明されています。他にもある種の尿路結石は療法食を与えるだけで溶かすことができます。人間の食事で、腎臓病の患者さんの寿命を延ばしたり、結石を溶かしたりする食事は存在しません。このようにペットの療法食は薬と言っても過言ではなく、医学にも勝る領域なのです。

しかし裏を返せば、これだけ効果の高いものを自己判断で与えてしまうことは非常に危険だということは簡単に想像できると思います。例えば、便秘用の療法食を与えようとして、誤って似たような名前の〝便を硬くしてしまう〟療法食を与えてしまい、便秘が悪化したというケースもあります。他には、尿路結石を溶かす療法食を自己判断で与え続けてしまい、別の種類の尿路結石ができてしまった……なんてことも。効果が高いが故に誤った与え方をすると簡単にペットの健康を害してしまうのです。

なかには動物病院で購入するよりネット購入の方が安いから、という人もいるでしょう。ですが、動物病院の値段には、その療法食の細かな説明をした労力、食べてくれないなどの治療中のアドバイス、その療法食がきちんと効果を発揮したかどうかを判断するアフターフォローなども含まれているのです。担当獣医師としっかりコンタクトをとった上でのネット購入を否定する気はありませんが、ネットの方が安いから……と獣医師には内緒で勝手に与えることだけはやってはいけません。獣医師側の説明が足りない場合もあるかもしれませんが、この本を読んでくださった方は療法食はそれだけ効果の高いもので諸刃の剣であることをぜひ覚えておいてください。

先輩たちの経験談

薬の苦味を感じさせない工夫

詩紡《ほえむ》 13歳・♂

抗がん剤とステロイドの錠剤（それぞれ半錠～1/3程度）を１日おきなど定期的に飲ませていました。成功率が高かったのは、**開けたての缶詰一口分の中に錠剤を潜り込ませて手から食べさせる（なるべく苦味などを感じさせない）方法**でした。薬じゃない日も同様に先に一口分手から食べさせて日課にしていました。　［たいがさん］

＊獣医療法食評価センターに記載のものを一部抜粋（他にもあるよ！）

説明
タンパク質・リンを制限
タンパク質・リンの制限をほどほどに、美味しさを重視
体重維持のため、カロリーが高めに設定
早期ステージで使用
タンパク質・リンを制限
早期ステージで使用
ストルバイト結石、シュウ酸カルシウム結石の治療および維持食
香りがよく、食欲を刺激する(ライトは低カロリー設計)
特発性膀胱炎《ぼうこうえん》も考慮し、抗不安作用のある加水分解ミルクタンパクやL-トリプトファンが含まれる
ストルバイト結石の溶解に使用。溶解後は維持食への変更が必須
ストルバイト結石、シュウ酸カルシウム結石の治療および維持食
加水分解ミルクタンパク等を含み、特発性膀胱炎を考慮した療法食
炭水化物量の制限。糖吸収速度の遅い炭水化物や吸収速度を遅くする食物繊維を使用
低カロリーな高タンパク・高食物繊維食。糖の吸収を抑える食物繊維バランス
炭水化物量を制限。高タンパク食で、脂肪燃焼を促進するL-カルニチンを含む
減量に特化した療法食。L-カルニチンや抗酸化成分を含有、食物繊維バランスを調節
体重管理・糖尿病の管理、下部尿路の健康を保つ栄養組成。高レベルのL-カルニチンや食物繊維を含有
嘔吐、下痢、軟便などの消化器症状のある猫や高栄養食が必要な猫に使用
便秘に対する療法食。サイリウムなどの可溶性食物繊維がたっぷりはいっている
腸内細菌を活性化するような栄養組成で、軟便の改善などに効果がある
消化されやすいフードで、お腹の健康をサポートする
タンパク質を加水分解によってペプチドまで小さくしているため、アレルゲンになりにくい
タンパク源を1種類に限定。除去食
アレルギーの原因となりにくい加水分解大豆タンパク使用
加水分解タンパク質を使用した療法食

療法食リスト

適応疾患	製品名	種類	企業名
慢性腎臓病	腎臓サポート	ドライ／ウェット	ロイヤルカナン
	腎臓サポート スペシャル	ドライ	ロイヤルカナン
	腎臓サポート セレクション	ドライ	ロイヤルカナン
	早期腎臓サポート	ドライ／ウェット	ロイヤルカナン
	k/d	ドライ	ヒルズ
	k/d 早期アシスト	ドライ	ヒルズ
下部尿路疾患	ユリナリー S/O（ライト）	ドライ／ウェット	ロイヤルカナン
	ユリナリー S/O オルファクトリー（ライト）	ドライ	ロイヤルカナン
	ユリナリー S/O（エイジング 7＋）＋CLT	ドライ／ウェット	ロイヤルカナン
	s/d	ドライ	ヒルズ
	c/d マルチケア	ドライ	ヒルズ
	c/d マルチケア コンフォート（＋メタボリックス）	ドライ	ヒルズ
糖尿病／肥満	糖コントロール	ドライ／ウェット	ロイヤルカナン
	満腹感サポート	ドライ／ウェット	ロイヤルカナン
	m/d	ドライ	ヒルズ
	r/d	ドライ	ヒルズ
	w/d	ドライ	ヒルズ
消化器疾患（腸の病気）	消化器サポート	ドライ／ウェット	ロイヤルカナン
	消化器サポート 可溶性線維	ドライ	ロイヤルカナン
	腸内バイオーム	ドライ	ヒルズ
	i/d	ドライ	ヒルズ
食物アレルギー	アミノペプチドフォーミュラ	ドライ	ロイヤルカナン
	セレクトプロテイン	ドライ／ウェット	ロイヤルカナン
	低分子プロテイン	ドライ	ロイヤルカナン
	z/d	ドライ	ヒルズ

ごはんを食べてもらうコツ

シニア猫が嗅覚や味覚の衰えや病気によって、食欲が落ちてしまうことはよくあります。そんなときには、フードに工夫を加えてみましょう。

例えば、ウェットフードを与える際は人肌くらいにあたためて**香りを立たせる**とよいでしょう。実際にある研究によると、フードの温度は熱すぎても冷たすぎてもダメで、**37度付近が猫が最も好む温度**だったそうです。仕留めたばかりの小動物と同じくらいの温度であることも、この温度を猫が好む理由のひとつかもしれません。ただし、やけどには注意してください。

ドライフードの場合はぬるま湯（温度が高いと失われる栄養素があるため）でふやかすとよいでしょう。また、関節炎や筋力低下により、猫が頭を下げることが辛くなるため、**食器を高くするだけで食事をとるようになった**というケースも多いです。猫壱のフードボウルのような脚付きの食器や食器台がおすすめです。

大好きなトッピングを少量加えることで食欲を刺激することもできます。ただし、ささみやかつおぶしはリンやその他のミネラルの含有量が多いため、与える量には注意が必要です。また、かつおぶしをお茶パックなどに入れて、ドライフードの保存容器や袋に入れておき、香りだけ移すという方法もおすすめです。食器の種類や置く場所を変えるだけで食べてくれるようになることもあります。食事の前に数分間遊んであげると、食欲が刺激されることもあります。

特に療法食は食べてくれないとその効果を発揮することはできません。療法食に切り替える際はこれまでのごはんに対して、新しいフード（療法食）の割合を少しずつ増やしながら、**2〜3週間程度時間をかけて切り替えます。**なるべく同じメーカーのフードを使い、2種類のフードを混ぜずに並べるようにして療法食を食べているか確認しましょう。また、猫には「ネオフォビア」という、新しい食べ物に対して慎重な性質を持っており、特に吐き気があったり、ストレスがかかっている状態ではこの性質が強く出ることがあります。療法食に対して嫌悪感をもたないように、入院時や退院直後のフードの切り替えは避け、落ち着いた状態で切り替えを試すことがよいでしょう。

どうしても食べない場合は、別のブランドの療法食に変えるというのも手です。それでもどうしても食べない場合は同じようなコンセプトのシニア猫用総合栄養食（例えば慢性腎臓病であれば、低リン低タンパクの栄養組成のもの）など、場合によっては療法食にこだわりすぎず、食べられる範囲で最適なごはんを探すことも重要です。

もらう工夫

先輩飼い主さんに聞きました

01 日々の記録をコツコツと

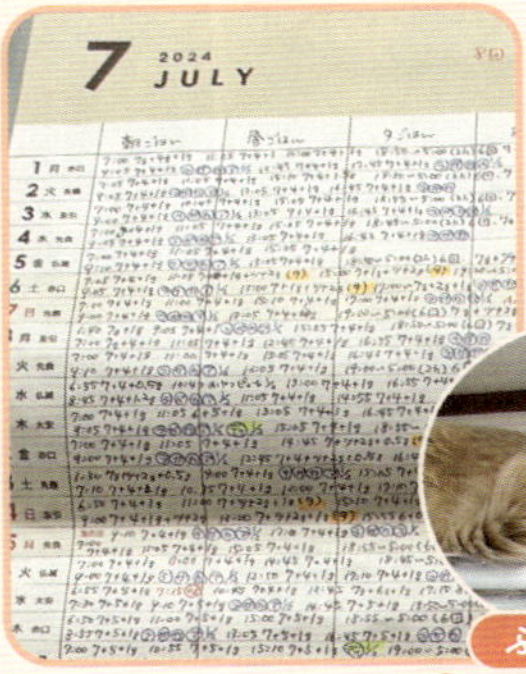

ふぁん太

神奈川・12歳・♂

慢性胃腸炎で初めのころはほとんどごはんを食べなくて、とにかく色んなフードを試す日々でした。今は一回で食べ切れて消化に負担のかからないペースト状総合栄養食15gを２時間おきに24時間、**タイマーで計りながらあげています**。1g違うだけで吐いたり下痢したりするので６年間毎日カレンダーで記録しています。［あいさん］

02 心配をよそに食べ始めることも!?

ソラ

埼玉・12歳・♂

うちの子が寝たきりのときにはマメに水を口元に持って行きましたが、飲まず食わずで大変でした。高栄養ペースト、高カロリーのウェット、スープ、ささみを茹でた汁やちゅ～るも様々試しました。
一口でも舐めてくれたらよしと、**気持ちを切り替えた途端にカリカリを食べ始めました……**。気負いすぎると猫にもつたわってしまうのでしょうかね……。

［しまにゃんさん］

03 あの手この手で掻き立てる！

食欲のないときは**好きなごはん（ドライやおやつ、煮干し）を混ぜます**。食べないときはペーストをシリンジで与えました。水分不足には、ごはんはウェットに茹でササミやレバーを足したり、茹で汁をかけてレンジで温めたり、サイリウムを混ぜてとろみを出したり、ちゅ～るやちゅ～るの茹で汁割を置くこともあります。［華原小夏さん］

アトム

21歳・♂

ごはんを食べて

04 温度にも工夫を

3年前くらいの年末にごはんも水も取らなくなり、布団に潜り込んでばかりいました。まずは湯たんぽと人肌で猫の身体を温めて、しばらくしてから缶詰の液体フードを**お湯で溶いて与えたら食べ始めました**。低体温症になっていたのかと思います。今はそんなことはありませんが、冬はウェットフードをお湯で温めています。　［カイトさん］

レオ
大阪・18歳・♂

05 食べてくれるなら……

腎不全の子の食欲が落ちてしまったとき、夜中から朝方にかけての時間帯だと少しずつ食べてくれたので蓋付き容器にごはんを入れて枕元に置き、**猫が動いたら目の前にごはんを置いてみる**を繰り返しました。そのうち段々食べるようになったのですが睡眠不足にはなります（笑）　［にょろりんさん］

しろちん
福島・15歳・♂

06 推し出汁パックを探す日々

市販の“出汁パック”をドライフード袋に入れておくと、**香りづけになって食欲UPする**ことがあります！　出汁パックをいくつか買って、フードをジップロックに小分けして推し出汁パックを探してローテーションしました！　ウェットフードの場合は少し温めると香りがUPして、食い付きがよくなったりします。

［つぶさん］

こうすけ
神奈川・15歳・♂

にゃんとす ワンポイント

カリカリを開封後はよく食べてくれるのに、だんだん食いつきが悪くなる場合は、フードの酸化が原因かも？　値段が安いので、ついつい大きいサイズのものを買ってしまいがちですが、**なるべく1ヶ月程度で食べきれる大きさを購入するようにしましょう**。

CHECK!

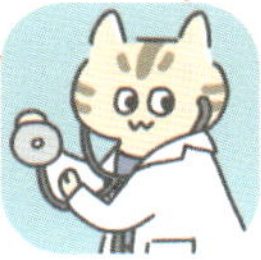

食欲が落ちたときの介護食

愛猫が年を取って、自分で食べる力がなくなってきた場合、介護食への切り替えを検討します。介護食とは、きっちりした定義はありませんが、**一般的にはペースト状など食べやすい形状で、高カロリーのもの**が当てはまります。

例えば、ペットライン メルミル 介護期用高栄養食やデビフペット カロリーエースプラスシリーズなどです。療法食では、ヒルズのa／d缶やロイヤルカナンの退院サポートやクリティカルリキッドなどが処方されることが多いでしょう（必ず獣医師の指導のもと与えてください）。

猫の場合、何日も食べることができない状態が続くと、ただやせていってしまうだけでなく、**「肝リピドーシス」という病気のリスク**が高まります。致死的な病気なので、これだけはなんとか避けなくてはなりません。

可能であれば、猫が自発的に食事をとることが理想です。まずは、82ページの食事を食べさせる工夫を実践して、何とか自分で食べることはできないか、試してみましょう。

それでも食べてくれない場合は、「強制給餌《きゅうじ》」という**注射器を使って強制的に給餌する方法**に移ります。しかし、この方法は猫が嫌がっている場合は、なるべく避けるべきだと考えています。というのも、猫に非常にストレスがかかる方法だからです。食欲がないというのは、多くの場合、病気によって気持ちが悪いときや痛みがあるときです。このような状態で、無理やり食事を与えてしまうと、さらに食事に対する嫌悪感が強まったり、吐き気などが悪化してしまう可能性もあります。

アメリカ猫専門医協会（AAFP）と国際動物ホスピス・緩和ケア協会（IAAHPC）が2023年に共同で作成した「猫のホスピス・緩和ケアガイドライン」でも、はっきりと「シリンジや顔や足に食べ物をつけて猫に舐めさせるような方法で、食事を無理に与えることは避けるべきだ」と明記されています。吐き気止めや食欲増進剤、鎮痛薬の投与で食欲が回復することもあるので、かかりつけの先生に相談してみましょう。

薬剤を使っても食欲が回復しない場合や投薬が難しい場合は、「栄養チューブ」の使用が推奨されます。栄養チューブとは、流動食を直接カテーテルから食道や胃に流し込む方法です。体にチューブを入れるため、抵抗がある飼い主さんもいらっしゃいますが、猫にとっては栄養や水分、投薬を最小限のストレスで行うことができるので、優れた選択肢となるケースが多いです。ただし、いくつかデメリットもあります。

先輩たちの経験談

しておきたい血液検査

ハッピー　三重・19歳・♀

先代猫が腎不全になったことに気付かず、けいれん発作を起こし2か月後に亡くなりました。
絶対やった方がよいのは半年ごとの血液検査だと思います。心臓の病気を抱えた子も多く感じます。エコー検査も一緒にした方がよいかもしれません。
［きいつさん］

栄養チューブの種類

栄養チューブは老化によって猫が自力で食事がとれなくなる場合のほか、口周りの手術や抗がん剤治療などの予定があり、**食事をとるのが難しい期間が予想される**場合にも使用されます。

栄養チューブには経鼻《けいび》チューブや食道ろうチューブ、胃ろうチューブなど、いくつか種類があります。いずれも誤嚥《ごえん》性肺炎や詰まりなどに注意が必要ですが、種類によって特徴があります。

ここではよく使われる栄養チューブの形式を紹介します。

①経鼻チューブ

・鼻の穴から食道までチューブを設置する方法

・全身麻酔なしでも装着可能だが、ほとんどの猫が嫌がるため、結局必要なことが多い

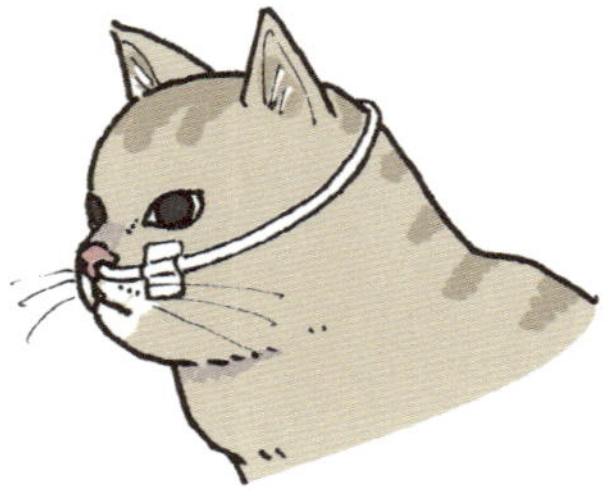

経鼻チューブ

胃ろうチューブ

食道ろうチューブ

・チューブが細く、フードがつまりやすい

②食道ろう（経食道）チューブ（右）・胃ろうチューブ（左）

・経鼻チューブよりもチューブが太い
・フードがつまりにくいため、扱いやすい
・装着には全身麻酔が必須

水を飲んでもらうコツ

これまで解説してきたように、特にシニア猫の健康維持のためには、日ごろから水を飲ませる工夫をすることがとても大切です。飲水量を増やすことで、便秘や脱水、尿路《にょうろ》結石《けっせき》などの泌尿器疾患のリスクを減らすことができます。

猫の祖先であるリビアヤマネコは乾燥した砂漠に住む動物なのでした。そのような環境で、彼らは新鮮な獲物を食べることによって水分を摂取していました。そのため、飲水量を増やすためには「食事の水分量を増やす」のが1番手っ取り早い方法です。水分量が多いのは圧倒的にウェットフードです。ある研究によるとウェットフードを与えると、尿比重が下がり（尿が薄くなり）、尿量が増えることがわかっています。また猫が問題なく食べてくれる場合は、ドライフードにぬるま湯を入れてふやかして与える方法でもよいでしょう。

また常に新鮮な水を与えることも大切です。私たち人間もずっと放置されたコップの水を飲むのはちょっと嫌ですよね……。**少なくとも朝・夕の1日に2回は水を交換してあげる**のがよいでしょう。多くの猫は冷たい水を嫌うので、水を交換するときは常温のお水を入れてあげてください。

水入れの場所と数を見直すことも大切です。多くの人が食事の隣にお水を置いているのではないでしょうか？　しかし、猫は本来、**食事と水は別々に摂る**動物でした。というのも、狩りが成功し、食事にありついた際に必ずしも近くに飲み水があるとは限らなかったのです。中には水にフードの匂いが移るのを嫌がる猫もいます。食事の横以外にも何箇所か追加で水飲み場を増やしましょう。人の出入りが少ない静かな場所（寝室など）や猫がリラックスしている場所がおすすめです。逆ににぎやかな場所や猫トイレの近くは避けましょう。

蛇口などから流れる水が好きな場合は、流れる自動給水器を導入するのもよいかもしれません。とはいっても、実際に流れのある自動給水器が飲水量を増やすかどうかを検討した研究を見てみると、猫の好みによる影響が非常に大きく、どの猫でも飲水量を増やすことは難しかったようです。こればかりは試してみるしかありませんか、水飲みのバリエーションを増やすという意味でも導入して悪いことはないでしょう。

また、食器台や脚付きのボウルを使って飲みやすい高さにしてあげたり、ちゅ～るをぬるま湯で溶いたり、味つけしていないチキンやマグロの茹で汁などもよい方法です。

む工夫

先輩飼い主さんに聞きました

ペル

バンコク・6歳・♂

01

慣れる練習を日ごろから

先代猫さんが水を飲まずシリンジも嫌がった経験を活かして、今の猫さんが尿路結石になったのをきっかけに**シリンジで水を飲ませています**（水皿もあちこちに置いています）。

最初はバックハグで口の斜め後ろから差し込んでいましたが、今では正面で飲めるように（写真はシリンジに慣れる練習をする6才）。　［satomi さん］

02

常に試行錯誤で好みを探る

あずき

福岡・14歳・♀

いろいろ工夫をしています。器を色々と用意する（浅い深い、呑み口が狭い広い）。置く場所も人があまり来ない所や廊下等、猫が行く場所には必ず置く。自動給水器だけの水をよく飲む子、冷たいor温かい水が好きな子。水道の蛇口から細く流れる水、一度沸かした水、汲んですぐの水や1日置いた水などなど……。**好みが変わることもある**ので、本当にいろいろと試すしかないと思います。　［Y.M さん］

03

声をかけて見守る

ミー

東京・22歳・♀

声がけをしていました。「お水飲んだ？」って人間が在宅時にはしつこく、声をかけていました。「飲めばいいんでしょ」って飲んでくれていました。水分補給のために獣医さんに相談して、**鶏の胸ひき肉を煮てラーメン屋さんくらい透き通ったスープ**を作って飲んでもらっていました！　［めめすけさん］

ゴクゴク水を飲

04 どうしたら飲んでくれるか悪戦苦闘の末……

今まさに水を飲まない問題と格闘中です。
①40分おきに目の前へ水を持っていく。②**カリカリを食べている最中にカリカリを引き上げてゼリー系をあげる**（食べている最中でないとゼリー系を食べてくれません）。③**スープやゼリー系をぬるま湯で溶いて、カリカリ中にあげる**（そのままだとリンやナトリウムが高いため薄めています）。
ほかの方法ではお手上げだったため、この方法に落ち着いています。 ［なみこさん］

にゃあた
静岡・14歳・♂

05 水を飲みやすい環境づくり

猫の動線上の複数ヶ所に水を置いています。飲み方（縁飲みとガブ飲み）がそれぞれ違うので、容器の形も様々です。冬はピンポイントで暖かくすると全く動かなくなるので、部屋全体を暖かくすることも心がけています。
［mocha（モカ）さん］

ルカ
埼玉・19歳・♀

バニラ
埼玉・16歳・♂

にゃんとす ワンポイント

猫にとって水分補給は大事なので、やっぱり皆さんいろんな工夫をされていますね……！猫さんが嫌がっていないのであれば、**日ごろからシリンジでの給水に慣れておくのも悪くない**と思います！

CHECK!

COLUMN

薬の与え方

①錠剤の飲ませ方

右利きの人はまず左手で猫の頭部を持って鼻先を上に向けます。右手の人差し指と親指で錠剤を持ったまま、中指を前歯に引っ掛けるように口を開かせ、喉の奥に錠剤を落とします。錠剤を口に入れたら鼻先を上に向けたまま口を閉じ、喉をやさしくなでてあげましょう。薬が胃まで流れずに食道に残ると、食道炎の原因になってしまうので、5ccくらいの水をシリンジで飲ませるとなおよいです。上顎の犬歯のうしろのすきまにシリンジを差し込むと口を開けてくれるので、少しずつ飲ませてください。投薬用おやつ「メディボール」や粘度が高い投薬用のちゅ～るを使うのもおすすめです。錠剤を砕く場合は獣医師に必ず確認しましょう。

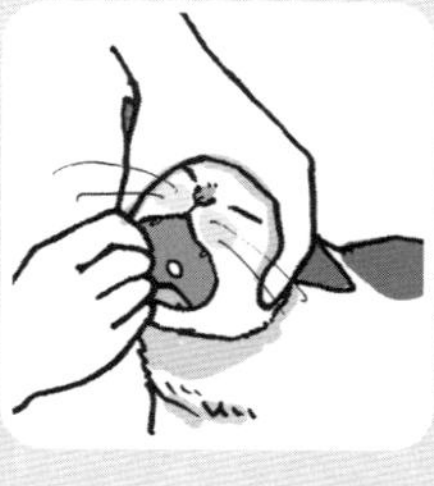

②粉末の飲ませ方

水0.5ccくらいに溶かしてシリンジで与えます。袋のなかで水に溶かすようにすると、薬のロスが少なくてすみます。ウェットフードやちゅ〜るに混ぜて与える方法もおすすめですが、苦みが強い薬の場合、ちゅ〜るなどを「苦いもの」と猫が認識してしまうと、投薬が難しくなったり、大好きなおやつを嫌いになったりする場合があるので注意しましょう。そのようなときはカプセルに入れたり、飲みやすいタイプのほかの薬に変えてもらったりするようにかかりつけ医に相談してみてください。

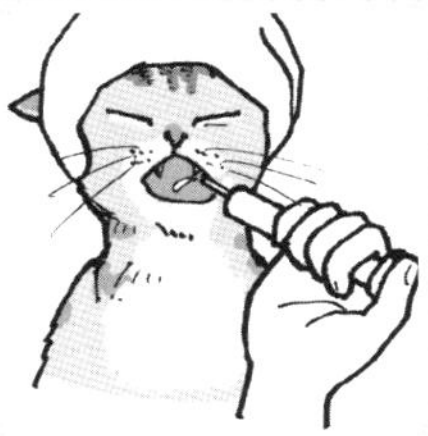

③注射・点滴

皮下点滴やインスリン注射を自宅で行う必要が出てくる場合もあります。詳しいやり方は割愛しますが、しっかりと皮膚を引っ張って、皮膚に対して垂直に針を刺すようにしましょう。皮下点滴をうまく行うコツはなるべく短時間で終わらせることです。シリンジや加圧バッグを使用するのがおすすめです。また嫌がってしまう場合は保定袋を使用する方法もおすすめです。また輸液は人肌程度に温めて使用したほうが点滴を実施しやすかったというデータがあります。また、がんばったごほうびを与えることで、約半数の猫が点滴を我慢できるようになったというデータもあります。こちらもぜひ試してみてください。

PART

2 環境づくり

ここでは、食と同じくらい猫の健康寿命に関わる、環境づくりの5つのポイントを押さえていきます。特に先輩飼い主さんたちの経験談も多く紹介します。ぜひ、参考にして、ご家庭の猫と気持ちのよい生活を送ってくださいね。

①シニア猫が安心できる場所づくり（**↓98ページ****）**

猫が安心できる安全な居場所づくりは欠かせません。ポイントは「周囲を見渡せること」「身を隠せること」です。

②基本的な生活環境を整える（**↓102ページ****）**

生活に欠かせない、トイレと爪とぎについて扱います。この2つは猫にとっては欠かせない生活習慣ですが、年齢とともに若いころのように上手にできないことも多くあります。気持ちよい生活のために、どんな工夫ができるか考えていきましょう。

③シニア猫にも遊びが重要（↓106ページ）

猫も年を重ねると運動量が減り、若いころほど遊ぶ時間も少なくなってきます。若いころのように遊ばないからといって、遊びが必要ではないというわけではありません。シニア猫にとっても遊びは重要です。関節に不安があっても楽しめる遊びもあります。若いころより意識して遊ぶ時間をとってあげましょう。

④飼い主とのよい関わり方（↓110ページ）

猫と過ごす時間は飼い主にとっても、とても大切でかけがえのない時間です。可愛さのあまりずっと構いたくもなると思いますが、人間と猫は感覚の違う生き物同士です。猫にとっても心地よいコミュニケーションについて知っておきましょう。

⑤猫の感覚を尊重する環境づくり（↓114ページ）

猫は人間とは違った、聞こえ方や見え方をしています。人にとってはストレスに感じないことも、猫にとってはストレスになる場合もあります。猫の特性を知り、心身ともに健康な過ごし方を考えましょう。

シニア猫が安心できる場所づくり

周囲を見渡せる高い場所

猫はテリトリーをつくる動物で、完全室内飼いの猫にとっては、お部屋全体がテリトリーになります。猫の心理としては高い場所からテリトリーを常にチェックしておきたいと感じるようです。また、猫にとって高い場所は「安心できる場所」でもあるようです。約6000万年前までさかのぼってみると、森に住んでいた猫の祖先は木に登ることで他の動物から身を守ってきたでしょうし、木の葉や枝で自分の体を隠すこともできたでしょう。現代の猫にとっても高い場所は本能的に安心できてリラックスできる場所なのです。

そのため、キャットタワーやキャットステップを用意して、**高さのあるスペースを確保**してあげましょう。これらの設置が難しい場合は、本棚やソファ、タンスなど高さの異なる家具を並べるだけでも十分です。また、関節炎などで痛みがある猫やホスピスや緩和ケアが必要な猫の場合、移動が難しいことがあります。**ステップやスロープを使って、安全にアクセスできるようにする**ことが大切です。

身を隠すことができる狭い場所

いくつかの研究によって「隠れ家」があるだけで猫のストレス改善につながることが知られています。猫の祖先はかつて、主に樹洞や岩穴で休んでいたと考えられています。外敵に襲われることのない空間は、高いところと同様に猫にとって安全で安心できる場所だったのでしょう。現代の猫が段ボール箱が大好きなのも、その名残が今に受け継がれているためではないかと考えられます。お部屋の中に隠れ家を置くことで、地震や雷・台風などの突然の大きな物音に驚いたときに身を隠し、安心できる場所にもなります。また、猫にとって馴染みのない来客や引越しによる環境の変化に対しても、隠れ家は効果を発揮するでしょう。おすすめの隠れ家は**かまくら型の寝床「猫ちぐら」**です。

うちのにゃんちゃんは段ボール製の猫ちぐらが大のお気に入りで、姿が見えないなと思ったらよく中に入ってくつろいでいます。上に乗って爪とぎとしてもよく使っています。もちろん、ソファやベッドの下など家具を利用するのもよいでしょう。

このような安心安全なくつろぎスペースは複数用意してあげることが大切です。その日の気分や気温などによって選ぶことができるように準備しましょう。

つくり方

01

甘えん坊さんのお気に入り

さばお

東京・13歳・♂

秋冬用ドーム型ベッドと人間ベッドがお気に入りです。特に、**目隠しのあるドーム型**が好きな様子。ドーム型にいるときは１人で落ち着けるようにナデナデもしないようにしています。

13歳ですが甘えん坊が増して、人間ベッドによくいます。［ma×yuさん］

02

落ち着き空間をDIY

スノ

バンコク・7歳・♀

モコ

バンコク・6歳半・♀

うちの猫たちはソファの下の空間で寝るのが好きです。落ち着けるように、**ソファの底に布を縫い付けて目隠しを作りました。**そこにいれば絶対安全と思って欲しくて、病院に連れて行きたいときでも、そこにいるときは手を出さないようにしてます。

目隠しカーテンは、中から猫ちゃんが下界の様子を覗き見できるように少しだけ隙間を作ってみました。

［satomiมิさん］

03

大好きな場所でずっと……

ルカ

埼玉・19歳・♀

バニラ

埼玉・16歳・♂

購入したペット用ベッドよりも人間の布団や脱いだスウェットなどがお気に入りです。

老猫になり、なるべく低い位置でくつろいでもらいたいのですが、若いころにくつろいでいたタワーも乗りたがります。なので、無理なく昇り降りができるよう、**ステップを増やしたりしています**。［mocha（モカ）さん］

くつろぎ空間の

04 脚力が落ちても見たい場所

腰窓から庭を見るのが好きで、脚力が落ちてからは**同じ高さで段差の低いタワーを設置**。関節が痛むようで、付属のハンモックを大型のものに付け替えると楽なようでした。

子猫のときからお気に入りの楕円型の果物カゴ（クッションを入れて床置き）は今も愛用中。　[すずさん]

才蔵
奈良・20歳・♂

05 練習しながら使えるように

窓辺にあるケージの3階で外を見るのが好きなので、そこに上がるまでステップとなるものを増やしました。でも、増やしただけじゃ使わないんですね……。

しばらくはスルーされていたので、**抱っこして「最初にココに乗って、次にココ」**って何度か実際に（ちょっと嫌がられつつ笑）体験してもらって、ようやく今はそのルートで足腰の負担を減らして登り降りしてくれるようになりました。　[fantafonteさん]

ウリエル
東京・14歳・♀

06 19歳猫のお気に入り！

みーこ
大阪・19歳・♀

先代猫が19歳ごろのこと。冬場、当時まだブラウン管のTVの上で寝るのが好きでしたが飛び上がることができず、**プラスチックの引き出しを階段状にして、上がれるように**していました。

寝たきりになるまで、トコトコ上がっていましたよ♪　[花猫組さん]

にゃんとす ワンポイント

皆さんのバリアフリーの工夫はとても参考になりますね！　加えて、高齢になると筋肉量が落ちて、寒がりになります。冬は保温性の高いドーム型の寝床を準備したり、湯たんぽなどを使って**寝床を温めてあげる**のもおすすめです。

CHECK!

基本的な生活環境を整える

ごはんや水、トイレ、休息場所、爪とぎなどは、それぞれ離して配置するようにします。多頭飼育のおうちでは、これらの取り合いにならないように、**猫1匹あたり1、2個ずつ用意する**のが基本原則です。これまで仲のよかった猫同士でも、体が弱ったり、認知機能が低下したりすると、その関係が崩れてしまうケースがあるので注意が必要です。ここではトイレと爪とぎについて解説します。

清潔で使いやすいトイレ

第1章でふれたように、年を取ると体の痛みからトイレの出入りが難しくなることがあります。少なくとも一辺は高さを低くして、トイレに入りやすくしてあげましょう。加えて、トイレまでの移動を少しでも楽にするように、色んな場所に置くようにしましょう。一軒家の場合は、すべての階に置くようにするとよいでしょう。また、トイレの中で向きを変えたり、思う存分ほりほりしたりできるような大きめのトイレがおすすめです（↓49ページ）。ある研究では、横幅50㎝以上のトイレを好むという実験結果もあります。

また、トイレの中にうんちやおしっこで固まった砂があるとトイレの使用回数が減ることが実験で証明されています。シニア猫はおしっこの量や回数が増えている（↓42ページ）ことが多いので、1日に複数回掃除をし、常にトイレを清潔に保つことが大切です。

関節の痛みに配慮した爪とぎ

猫にとって爪とぎは本能や感情表現に関わる大事な行動で、自由に爪とぎができる環境を整えてあげることが重要です。好みに個体差はありますが、爪とぎ選びのヒントとなる研究があります。テキサス工科大学の研究で、成猫（特にオス猫）は段ボール製もしくは麻製の直立したポール状の爪とぎを好む傾向が明らかになっています。一方、他の研究で、14歳以上の猫は関節の痛みや不快感から、**床に置かれた水平の爪とぎに好みが変わり、麻縄製や段ボール製よりもカーペットを好む**傾向が明らかになっています。

ホスピス・緩和ケアの猫で爪とぎができない場合は、より爪が太く、巻き爪になりやすいので、注意が必要です。爪切りを嫌がる場合は、鎮痛剤や抗不安薬が必要になる場合もあります。爪切りが難しい場合は、かかりつけの先生に相談してみましょう。

づくり

先輩飼い主さんに聞きました

01 アレンジで快適に！

トイレには**洗濯カゴ**を使ってます。入口は、自分でハサミなどで調整できるのでお好みの広さ・高さに（ケガ注意！）。
大きさ充分、洗いやすいし、洗い替え用に余分に持っておいても重ねて置いてしまえます。捨てるときも切って小さく捨てられるし、そして何より安いです。
［fantafonte さん］

ラファエル
東京・14歳・♂

02 収納ケースがトイレに早変わり！

うちの子はホームセンターに売っている**収納ケースの蓋部分を取ってトイレを代用**していました。猫砂が詰まりやすかったり、たまに砂が飛び出したりと、日ごろの掃除はしづらい反面で、水や洗剤で丸洗いはできます！シニア猫向けのトイレも欲しいですね……！

［つぶさん］

こうすけ
神奈川・15歳・♂

快適なトイレ

03 カバーを外すだけの一工夫

みかん
長崎・19歳・♀

我が家は晩年トイレの**カバー部分を取り外して高さを緩和**させました。それでも上がりきれないのか、自分の中ではちゃんと入れている感覚だったのかはわからないのですがよくおしっこを外していました……笑　［まろん家さん］

04 スロープでスムーズな移動

うちの子は、足腰が弱ってきてからは**にゃんこスロープ**を使っていました。

ちょっと割高感はありますが、サイズ感もよいし、猫たちも使ってくれています！

歩くのが難しくなってからも、腰を支えてあげればよろよろとスロープを歩いて、支えられたままトイレで用を足していました。

［Yukoさん］

スコ様
愛知・18歳・♀

シマシマ
愛知・15歳・♂

にゃんとすワンポイント

市販の猫用トイレで大きいサイズやシニア向けのものは少ないので、洗濯かごや収納ケースで自作するのはとてもよい方法ですね。

シニア猫にも遊びが重要

愛猫と遊ぶ時間をつくっていますか？　猫は狩猟本能をもつ動物なので、**狩りを模倣した〝遊び〟**はストレスフリーな生活には欠かせません。猫じゃらしや釣竿タイプのおもちゃを使って、狩りを再現してあげましょう。実際に猫が捕まえていた小動物の動きをイメージしながら、おもちゃを動かしてみましょう。

例えばネズミの場合は、地面を素早くジグザグな動きをして逃げますよね。小鳥をイメージして空中でひらひら動かすのもよい反応をしてくれます。また、狩りが失敗ばかりでは楽しくないでしょうから、必ず数回に1回はおもちゃを捕まえさせてあげることを意識してください。**適度に狩りを成功させてあげる**ことが猫と上手に遊ぶコツです。

また、猫の狩猟スタイルは物陰に隠れるように待ち伏せして、一気に襲いかかるというものでした。このシチュエーションを再現してあげましょう。お部屋の壁や家具をうまく使って、おもちゃが見え隠れするように動かしてあげると、夢中になってお尻をふりふりしながら飛びかかってくれるはずです。ポリエステル製のトンネルのおもちゃを組み合わせて取り入れてあげるのもおすすめです。

うちのにゃんちゃんもこのトンネルが大好きで、トンネルに隠れているところを猫じゃらしで誘ってあげると、買ってしまったことを後悔するくらい大暴れします……（笑）。

おもちゃを使った遊びだけでなく、**「食事を取り入れた遊び」**も非常におすすめです。というのも、猫にとって狩りは食事の一環でした。例えば、広い部屋でドライフードを投げて猫がそれを追いかけて食べるという遊びはとてもシンプルで、本来の捕食行動に近い遊びのひとつですよね。また、パズルフィーダーやトリートボールのような知育トイも、猫の本能を満たす遊びとして推奨されています。お手軽なのは100均の氷を作るアイストレーです。中にカリカリを入れて、猫に渡すと、前足を使って遊んでくれると思います。このような食事を取り入れた遊びは、ストレス解消や満足度の向上につながり、問題行動、トイレの失敗、同居猫への攻撃行動などの解消につながる効果が期待されています。

猫が年を取り、激しい遊びができなくなったとしても、おもちゃが動くのを見るのが好きな子も多いです。中には、若い猫が遊んでいるのを見て楽しむ猫もいます。もちろん無理をして遊ばせる必要はありませんが、おもちゃをフリフリしたり、ごはんやおやつの与え方を工夫したりすることで、きっとよい気分転換になりますよ。

遊び方

先輩飼い主さんに聞きました

01

彩《さい》（左）

福岡・13歳・♂

ずっと好きな遊び

うちは**「とってこい」**が好きです。丸いふわふわの猫じゃらしでないとダメです。
実は**幼少期によくやった遊び**で妹猫の妨害で遊ばなくなっていたのですが、昨年妹猫が亡くなってからまた遊ぶようになりました。

［さーちさん］

02

juju

東京・16歳・♀

自然を感じてテンションUP！

クシャクシャにした新聞紙やトイレットペーパーの外袋など乗ると、音がするものを広げて、その上で紐や猫じゃらしを動かすとテンション上げてくれます。**落ち葉や草むらに潜む獲物を狩る環境を模擬する**とよいのかもしれません。

［ゆうさん］

もはや猫のほうが一枚上手……？

人間と遊んであげている感がありました（笑）
ブラッシングした抜け毛で作ったボールをコロコロ転がして遊んだり、ネズミの紐つきおもちゃを人間が走り回っておばあにゃんの手元で動かすのを手でチョイチョイ触ったり……。人間のよい運動でした（笑）

［めめすけさん］

03

ミー

東京・22歳・♀

お気に入りの

04 抜け毛ボールが大好き！

ブラッシングしたときの**抜け毛で作ったボール遊び**が大好きです。丸めているときからワクワクしているのが伝わってきます。
小さいサイズでボールを作ったときに飲み込もうとしてしまったことがあるので、飲み込めないサイズにするように気をつけています。

［さくらもえぎさん］

ぽんず
茨城・14歳・♂

05 じゃらしの動かし方が肝……！

老猫になるとジャンプも二本脚立ちもしなくなるので、じゃらしを立体的ではなく**平面的に床に沿わせるように動かす**方がよく遊ぶようになりました。じゃらし自体は若いときから変わっていません。布団の上など踏ん張りがよいところで布団上を滑らせるようにするとダッシュして食いついてくれます。

［桃栗三年柿八年さん］

柿
北海道・15歳・♀

にゃんとす ワンポイント

愛猫と遊ぶのは飼い主にとっても大切な時間。だからこそ気をつけたいのが、誤飲事故です。シニア猫は若い猫さんと比べて少ないですが、それでも注意が必要です。特にひも状のものやネズミのおもちゃの丸呑みには十分注意しましょう。**遊んだ後は片付けの徹底を！**

CHECK!

飼い主とのよい関わり方

猫と過ごす時間は、飼い主さんにとっても猫にとっても大切なものです。しかし、猫は自分のペースを大切にするので、飼い主さんが猫に近づきすぎたり、強引になでたりすることがストレスになることがあります。2020年の新型コロナウイルスによる自粛期間中は猫のストレス性の膀胱炎《ぼうこうえん》（特発性《とっぱつせい》膀胱炎《ぼうこうえん》）が増加したという報告もありました。

愛猫とのよい関わり方を考えるために、イギリスの研究チームが作成した**「CATガイドライン」**を参考にしてみてください。このCATガイドラインは、Choice and control（選択と主導権を与える）、Attention（ボディランゲージや意思表示に注意を払う）、Touch（触る場所や時間に気を付ける）の頭文字C・A・Tを取ったものです。

Choice and control（選択と主導権を与える）：人間から猫をなでたり、抱きかかえたりするのではなく、猫が自ら近づいて来たときにのみ、猫とのコミュニケーションを楽しむという考え方です。

Attention（ボディランゲージや意思表示に注意を払う）：猫の意思表示を理解しましょう。猫が嫌がっているサインは、耳を後ろに向けたり、しっぽをパタパタ叩いたり、喉を鳴らさずにじっとしているときです。逆に、しっぽをピーンとのばして足元をスリスリしてきたり、ゴロゴロ喉を鳴らしながら前足でちょいちょいしたりするときは「なでてよ」というサインです。

Touch（触る場所や時間に気を付ける）：猫の好きな場所をなで、嫌がる場所には触れないようにしましょう。猫は一般的に頬やおでこ、あごなどのフェロモンを分泌《ぶんぴつ》する部位をなでられると喜びます。一方で、腕や後ろ足、しっぽは多くの猫にとって、あまり触られたくない場所かもしれません。また、猫が好きな場所でも、長時間なでると突然噛まれることがあります。これを「愛《あい》撫《ぶ》誘《ゆう》発《はっ》性《せい》攻撃行動」と言いますが、耳の向きやしっぽの動きを見て、止めどきを見極める必要があります。

猫とのコミュニケーションは、なでるだけでなく、ブラッシングでも行うことができます。特にシニア猫は、自分でグルーミングがしづらいことが多いので、**ブラッシングで交流を深める**ことで、皮膚や被毛の健康にもつながります。また猫同士のコミュニケーションで、アログルーミング（他者に対する毛づくろい）は一般的に親愛のサインだと考えられています。ブラッシングに慣れている猫には、愛を伝えるためにぜひ〝毛づくろい〟をしてあげてください。

先輩たちの経験談

かわいい変化

シニアになってからの方が**甘えん坊になった気がします**。添い寝やひざの上で寝てくれることが増えました。［K.Hさん］

ニャース 埼玉・16歳・♂

猫はどこをなでられるのが好き？

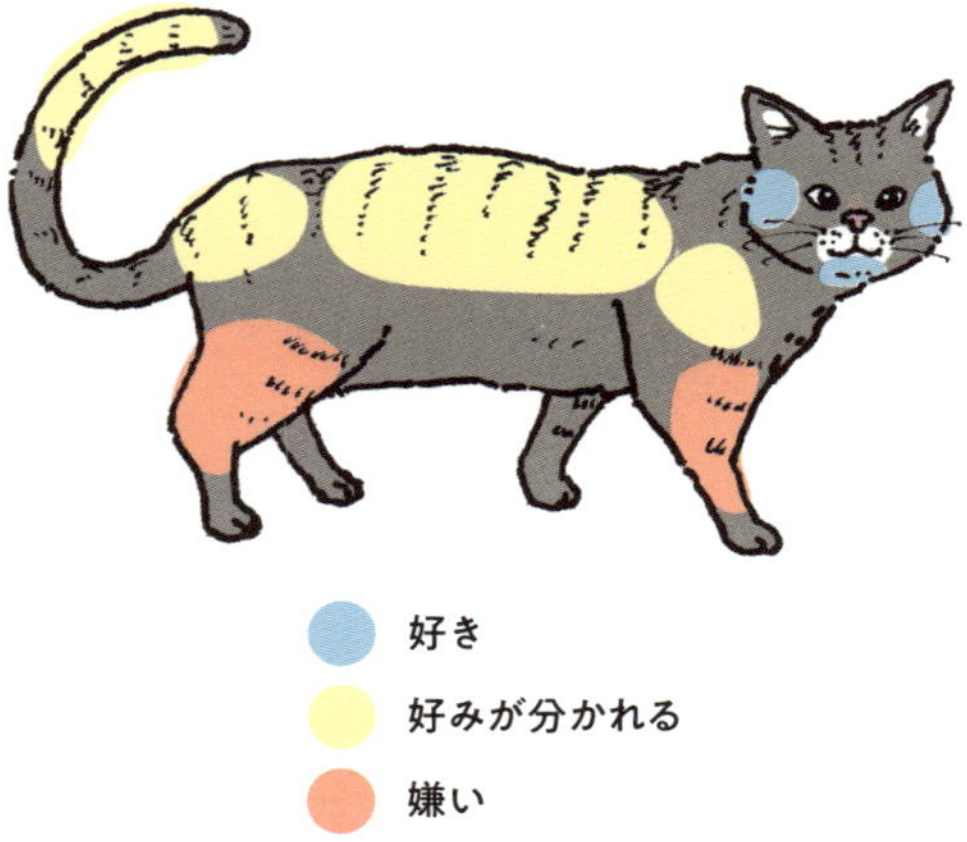

猫は一般的に**頬やおでこ、あご**などのフェロモンを分泌する部位をなでられると喜びます。というのも、猫同士のコミュニケーションの際にはこれらの部位を擦りつけあったり、触れあったりすることでお互いの親睦を深めるためなので、飼い主さんとのコミュニケーションを喜んでいるのかもしれません。**しっぽの付け根**もフェロモンが分泌される場所で、腰をトントンするとお尻をあげて喜ぶのもおそらく似たような理由から。

しかし、嫌いな猫もいて、好みが分かれやすいので注意。足先やお腹は嫌がる猫が多いですが、大好きな猫もいます。

すきななでなで

先輩飼い主さんに聞きました

01

思わず眠ってしまう気持ちよさ……！

頭をなでられるのも大好きですが、お腹をゆっくりなでていると気持ちよすぎて寝ちゃいます！

［カイトさん］

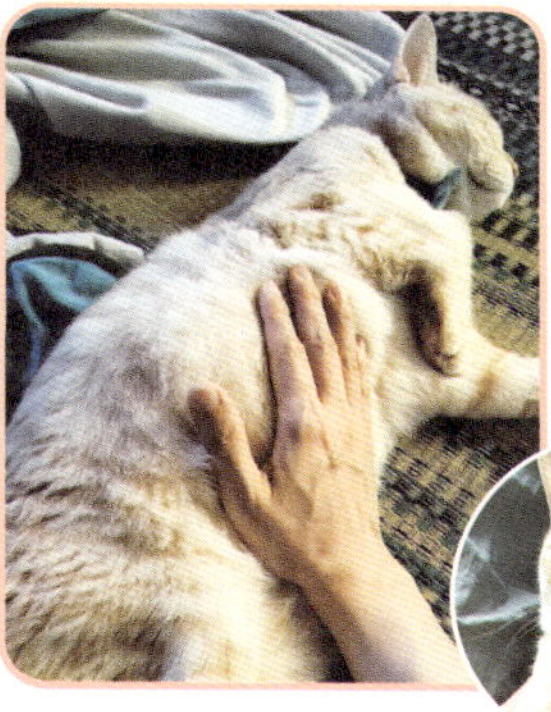

レオ

大阪・18歳・♂

02

たまらにゃい場所

顎の下と首周りがたまらにゃいみたいです！猫それぞれ違って、それぞれ可愛い！

［ma×yuさん］

さばお

東京・13歳・♂

にゃんとす ワンポイント

我が家のにゃんちゃんも、おでこやあごをなでられるのが大好き。でも、お腹に触れようものなら、前足でガッチリホールドされて、後ろ足で猫キックをガシガシかまされちゃいます。背中はなでても怒らないんですが、しばらくすると毛づくろいを始めます。飼い主は汚いもの扱い⁉笑

猫の感覚を尊重する環境づくり

猫の感覚は非常に鋭く、**猫と人間では世界の感じ方が異なります。**猫の感覚を正しく理解することで、猫に優しい環境に近づけることができます。

嗅覚

猫の嗅覚は人間よりも1000倍も敏感で、ずっと鋭く匂いを感じ取ることができます。嗅覚は感情を司る脳の部分とつながっているため、**嫌いなニオイはストレスを増やしてしまいます。**特に香りの強い洗剤や香水などの強い匂いは避けましょう。猫の健康を害する危険もあります。猫は肝臓の解毒経路が欠損している影響でアロマのような植物由来の成分との相性が非常に悪く、ときに死に至るほど、強く毒性が出る場合もあります。

一方、猫には鋤鼻器官《じょびきかん》というフェロモンを感知する器官があり、これを使って猫同士のコミュニケーションを行います。これを利用して、合成猫フェロモン製剤「フェリウェイ」を使って、猫のリラックス効果を狙うという方法もあります。特に問題行動やストレスによる膀胱炎のときに使用することがあります。詳しくはかかりつけの先生に相談してみてください。

聴覚

猫は聴覚もとても優れていて、人間や犬よりも広い範囲の音を聞くことができます。そのため、多くの猫は大きな声や電化製品の音、外からの騒音など、大きな音を怖がります。こうした音には注意を払い、なるべく静かな環境をつくることが重要です。一方、**猫をリラックスさせる音楽**の研究も進んでいます。「Music for cats」で検索してみてください。猫のゴロゴロ音をベースにした音楽で、我が家のにゃんちゃんも興味津々でした。

視覚

猫の視力は人間でいうところの0.1～0.2程度と言われていますが、一方で眼球が少し飛び出ているため人間よりも視野が広く、また動体視力も非常に優れています。また暗がりでの視力も高いです。いかに狩りに特化した視覚を持っていることがわかりますね。そのため、飼い主さん(特にお子さん)の急な動きにはついつい体が反応してしまいます。猫が驚かないように、ゆっくりとした動きを心がけるとよいでしょう。

先輩たちの経験談

心が通じ合う瞬間

ミー

東京・22歳・♀

おばあにゃんはおしゃべり猫さんだったので、人間にやって欲しいことがあると話しかけてきました。こちらは正解するまで、**ごはん？トイレ？なでなで？おやつ？って確認していました(笑)** 全部違うと、「ちがーう」って爪をバリバリしていました。

［めめすけさん］

一緒に遊んだり、
ゆっくり過ごしたり……、
楽しい時間を過ごすだけが
飼い主の役割じゃない。
病気の予防や闘病、
つらいときも苦しいときも
冷静さと優しさで寄り添うこと。
確かな知識が
向き合う勇気をくれるから。

第3章
注意したい シニアの病気

PART 1

約8割が患う
慢性腎臓病

慢性腎臓病は猫で最も多い病気のひとつで、**10歳以上の猫の約40%、15歳以上の猫で約80%が患っている**という報告もあります。ほとんどの猫が発症することから、病気というよりも老化現象のひとつと考えてもよいかもしれません。

知っておきたい慢性腎臓病の基礎知識

猫の慢性腎臓病は4つのステージに分類されます（↓121ページ）。重要なことは、腎臓の機能が残り1／3（ステージ2）になるまで、症状がほとんど出ないということです。つまり、**初期症状がほとんどない**のです。腎臓の機能が1／3を切ると、薄いおしっこがたくさん出るようになったり、水を飲む量が増えたりします。さらに進行すると、食欲が落ちて体重が減ったり、毛並みが悪くなったり、嘔吐《おうと》が増えたりすることもあります。

一度壊れてしまった腎臓の組織が回復することはありません。そのため、**進行を緩やかにする治療**が主になります。また、慢性腎臓病の猫は薄いおしっこがどんどん出て脱水してしまうため、点滴や水分摂取によって**脱水を改善する**ことが治療のひとつの柱です。場合によっては、自宅で皮膚の下に点滴をする皮下点滴が必要になることも。

また、療法食も非常に重要な治療の柱です。ロイヤルカナンの腎臓サポートやヒルズのk／dなどがこれに該当します（自己判断で与えるのは危険です）。腎臓の負担になるリンやタンパクの量を制限する一方で、消化率の高い高品質なタンパク質が使用されています。実際にその効果は大きく、ヒルズやロイヤルカナンの療法食は慢性腎臓病の猫の寿命を大幅に延ばすことが証明されています。2005年の研究では、通常のフードを食べていた慢性腎臓病の猫の生存期間の中央値7ヶ月だったのに対して、これらの療法食を与えた猫では16～17ヶ月だったそうです。通常のフードでは半年程度しか生きられないはずの猫が、療法食によって1年近くも長く生きることができるのです（人間でいうと3～4年寿命が延びるのと同じ……！）。他にも、腎臓の負担を減らすおくすりや吐き気止めも使用します。

予防・早期発見のためにできること

慢性腎臓病を根本から治すことはできませんが、早期発見し、早めに治療介入することで寿命を全うすることもできます。そのためには、定期的な健康診断が大切です。

先輩たちの経験談

薬問題のシンプルな解決策

10歳から腎臓が悪く、毎日2回小さな錠剤を飲ませていました。初めはウェットに混ぜたりしていましたが、すぐにバレてごはんを警戒するようになってしまったので、うちでは**ちょっと上を向かせて下あごをパカっとあけてお薬をポンと入れてカプっとお口を閉じる方法**で7年間お薬を続けました。 ［lynnさん］

はな 東京・17歳・♀

一般的な腎臓の血液検査項目は**血中尿素窒素（BUN）**と**クレアチニン（CRE）**です。腎臓の機能が低下すると、これらの**値は上昇**します。また比較的新しい血液検査項目として、SDMAがあります。SDMAは、慢性腎臓病の早期発見マーカーであり、クレアチニンよりも平均17ヶ月も早く上昇するのです。実際に2019年から国際獣医腎臓病研究グループ（IRIS）の慢性腎臓病のステージ分類の評価項目にも加わりました。獣医師からの注目度も高い検査項目であることがわかります。

血液検査だけでなく、尿検査も組み合わせることで、慢性腎臓病を発見することができます。腎臓機能が低下してくると、タンパクなどの大事な栄養素がおしっこ中に漏れ出たり、薄いおしっこが大量に出たりするようになります。こうしたおしっこの異常は尿比重の低下や尿タンパククレアチニン比（UPC）の上昇で判断します。

これらの検査項目は一回の検査で異常値ではなかったら安心というわけではなく、基準値範囲内でも**だんだん上昇・低下していないかどうか、時系列で追う**ことが大切です。また超音波検査（エコー検査）で腎臓に異常がないかチェックしてもらうと安心です。

慢性腎臓病のリスクを減らすためには、若いころからしっかり水分を取らせることを意識しましょう（↓90ページ）。また歯周病は慢性腎臓病のリスクを高めることが報告されています。難しい場合が多いですが、小さいころから**歯磨きなどを行う習慣をつける**ことも腎臓病のリスクを減らすことにつながります。

慢性腎臓病の進行と症状

腎臓の機能（イメージ） 腎臓に残された機能	症状	検査
Stage 1 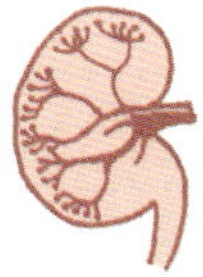 100%～33%	明らかな症状なし 	**尿検査、血液検査では異常を示さないことが多い** ・クレアチニン(Cre)値やSDMA値は正常範囲内だが徐々に上昇
Stage 2  33%～25%	水を飲む量が増える  おしっこが増える 	**尿検査で異常を示す** ・尿比重が下がる ・蛋白《たんぱく》尿が出る
Stage 3  25%～10%	食欲低下 毛並みが悪くなる 元気がない 	**血液検査で異常を示す** ・BUN(尿素窒素)やクレアチニン(Cre)、SDMA値の高値 ・体内のミネラルバランスの乱れ
Stage 4  10%以下	貧血  よく吐く	

IRIS（国際獣医腎臓病研究グループ）のガイドラインを参考に作成。

慢性腎臓病に関する最新動向

①大注目のＡＩＭ研究とは？

慢性腎臓病と聞くと、皆さん大注目のＡＩＭ（Apoptosis Inhibitor of Macrophage）についても解説しておきましょう。ＡＩＭ医学研究所の宮崎徹先生のグループが発見した分子です。免疫細胞から分泌されるタンパク質で、体内のゴミ（細胞の死骸）の除去を助ける働きがあるようです。特にＡＩＭは腎臓に細胞の死骸が溜まるのを防ぐことで、**腎臓を保護している**ことがわかってきました。

宮崎先生は友人の獣医師から猫が腎臓病になりやすいという話を聞いて、猫の腎臓病にもＡＩＭが関わっているのではないかと考えたそうです。そこで猫のＡＩＭを詳しく調べたところ、猫のＡＩＭはＩgＭというタンパク質と強く結合してしまっているためにうまく機能できていないことがわかりました。実際に猫型のＡＩＭを持つ遺伝子改変マウスに急性腎障害を起こすと、正常なマウスよりも腎障害が増悪することがわかりました。このような結果から、猫が腎臓病になりやすいのはＡＩＭがうまく機能しておらず、細胞の死骸が腎臓に溜まってしまうからではないかということ、そして正常な

ＡＩＭを投与してあげると猫の腎臓病を予防したりや進行を抑えたりすることができるかもしれないと結論づけたのです。

多くの猫が腎臓病に苦しむ現状を考えると、ＡＩＭは夢の薬のように感じます。私自身もとても期待していますが、一方で、現在公開されているデータは、あくまで実験マウスを用いたデータであり、猫での臨床試験結果はまだ発表されていません。

最近猫のＡＩＭを活性化させるキャットフード（ＡＩＭ30）の販売も開始されました。注意が必要なのはＡＩＭ30は療法食ではないので、リンやタンパク質の量が制限されていないということです。すでに療法食で治療中の場合に、勝手にＡＩＭ30に切り替えたり、混ぜて与えたりするのは絶対にＮＧです。ＡＩＭの研究成果は様々なメディアで取り上げられて、愛猫が腎臓病で苦しんでいる飼い主さんが期待したくなる気持ちも十分理解できます。しかし、**現段階ではかかりつけの先生の指導のもと、既存の治療をしっかり受けることが大切**です。

では、健康な猫にはＡＩＭを活性化するキャットフードがおすすめかと言われると、これもまた難しい問題です。なぜ猫は腎臓の負担を増やしてまで、ＡＩＭが働かないまま進化してきたのでしょうか。ＡＩＭは急性腎障害や慢性腎臓病への移行といった病態においては、予防・改善を促す〝善玉〟として働きますが、どうやら動脈硬化や２型糖尿病などいくつかの病態ではそれらを悪化させる〝悪玉〟としても機能するようです。

もしかすると、猫にとっては腎臓の負担を増やしてまで、AIMの悪い作用を打ち消すほうが大事だったのではないかとも考えられますよね。若いうちからAIMを活性化させることが果たして本当によいことなのかどうかはわからないというのが正直なところです。素晴らしい研究成果であることは間違いないので、期待しつつ、かつ冷静に、臨床試験の結果や猫でのデータを待ちたいと思っています。

②療法食を始める目安がわかるように!

慢性腎臓病に関するもうひとつの最新の話題は、新しい検査項目「FGF-23（線維芽細胞増殖因子23）」についてです。

難しい名前ですが、簡単にいうと**「療法食をいつから始める?」の指標になる検査項目**です。この値が上がってくると、療法食をそろそろ始めようかという目安になる検査ということですね。腎臓病の療法食は早くから始めればよいというわけではなく、適切なタイミングでスタートすることが大事なので、これから存在感が強まってくる検査項目だと思います。最近は療法食でも「早期」や「初期」という名前がついたシリーズが登場し、FGF-23と組み合わせることで、より効果的な食事療法が実施できるようになってきています。ぜひかかりつけの先生に相談してみてください。

慢性腎臓病の経験談

先輩飼い主さんに聞きました

01 食事の様子から発見

オチャム
北海道・15歳・♂

餌を残すようになり通院して発覚。いま思えば多量のおしっこをしていたことが何度かあったり、胃液だけ吐くようになったり、やせてきたり前兆はありました。

一番苦労したのは投薬。ずっとドライフードだったのでウェットを受けつけず、ちゅ～るにも見向きもせず。小さいときからもっと色々なフードに慣れさせておけばよかったと思います。 ［なかともさん］

にゃんとす ワンポイント

慢性腎臓病などの慢性疾患によって食欲が落ちた猫さんへの新しい食欲増進剤として、**エルーラ（グレリン受容体作動薬）が国内で発売が決まり、注目されています。**食欲を刺激するホルモンであるグレリンを模倣したおくすりです。

02 おしっこの様子を観察する工夫

多飲多尿から気付きました。14歳のときです。システムトイレにシートを敷かずおしっこの様子を観察していたので、尿量、尿の色の変化に割と早く気づけたと思います。

通院して治療を開始し、いまはゆっくりのんびり過ごしています。もともと少食でしたが療法食はなかなかお気に召さないようでフード迷子は今でも続いています。たくさんのごはんがキッチンの一角を占めています。 ［あもさく。さん］

あも
東京・19歳・♀

PART 2

猫で最も多いがん リンパ腫《しゅ》

リンパ腫は、猫で最も多い種類のがんで、免疫細胞のひとつであるリンパ球が無秩序に増殖してしまう**血液のがん**です。人間や犬では、首やわきの下などの全身のリンパ節がぼこぼこ腫れることが多いですが、猫では、小腸や胃にできる「消化器型リンパ腫」や、鼻の中にできる「鼻腔内型リンパ腫」が特に多く発生します。他にも腎臓や脊髄《せきずい》にも発生することがあります。

このように様々な場所に発生してしまう猫のリンパ腫ですが、飼い主さんに覚えておいてほしいことは、**外から見えない体の中にできるタイプのリンパ腫が圧倒的に多い**ということです。そのため、発見が遅れやすく、気づいたときにはかなり進行してしまっていた……というケースも少なくありません。早期発見のためには、日ごろから体重管理や猫の様子をしっかり観察しておくことが大切です。

次のような異変に気づいた際は早めに動物病院を受診しましょう。

〇1か月で5～10％以上体重が減った
〇嘔吐《おうと》や下痢が増えた（消化器型リンパ腫の初期症状）

○鼻から目や額にかけて腫れがある（鼻腔内リンパ腫は鼻の骨を壊しながら増殖するため、顔の一部が腫れたり変形したりする）

○鼻水、鼻血、呼吸がしづらい、いびきをかくなど鼻炎のような症状が出る（鼻腔内リンパ腫の初期症状）

早期発見のために大切なことは、まずは**体重管理**をしっかりとすることです。1か月で5〜10％以上体重が減った場合は（4kgの猫なら、1か月で200〜400g以上減少したら）、病気が隠れている可能性があります。普段から、グラム単位で測定できるペットスケールで体重を記録しておくことをおすすめします。

また、消化器型リンパ腫は**嘔吐や下痢**といった症状から発見に至る場合があります。特に猫は毛玉を吐くので、嘔吐は軽く見られがちな症状でもあります。最近の研究によると月3回以上の嘔吐が3か月以上続いた猫の96％で何らかの腸の病気が見つかり、さらにその半数が消化器型リンパ腫であったという報告もあります。「なんとなく吐く回数が増えたな……」「最近食べる量が減ったな……」など、少しでも異変を感じた場合は早めに動物病院を受診しましょう。定期的な健康診断ではお腹の超音波検査を受けておくと安心です。

そして、猫の顔をよく観察することも大切です。鼻腔内リンパ腫の場合、鼻の骨を壊

先輩たちの経験談

お皿で食べない猫さんには……

食欲が低下したときは色々と試しましたがお皿では食べず、**手のひらにフードをのせると食べてくれる**子がいました。［Y.Mさん］

あずき　福岡・14歳・♀

しながら増殖するため、顔の一部が腫れたり、変形したりします。猫の顔を真正面から見て、左右対称かどうか、鼻から目や額にかけて腫れていないかどうかなどを定期的に確認しましょう。また鼻腔内リンパ腫の場合は鼻水や鼻血が出たり、呼吸がしづらくなったり、いびきをするようになったり……鼻炎のような症状が出ることもあります。

腎臓型の場合はおしっこの量が増えたり、脊髄《せきずい》型の場合は後ろ足の麻痺などが起きたりすることがあります。リンパ腫は発生する部位によって様々な症状が出るので、異変に気づいた際は早めの受診を心がけましょう。

リンパ腫は血液のがんなので、**抗がん剤による治療が中心**になります。抗がん剤と聞くと、激しい吐き気や脱毛などの強い副作用をイメージするかもしれません。確かに人間の場合は、積極的にがんの根治を目指すため、このような副作用も治療の一環として受け入れられています。一方、動物の場合は比較的副作用が少ないのが特徴です。これは、普段と変わらない生活を維持しながら治療ができるように、副作用が出ないギリギリの投与量で治療をすることが多いためです。リンパ腫は抗がん剤への反応が比較的よい腫瘍なので、どのように治療を進めるのか、どの程度の効果が見込まれるのか、副作用はどのようなものが想定されるのか、などかかりつけの先生とよく相談し、治療を考えることが大切です。

先輩飼い主さんに聞きました

がんの経験談①

01

あさり

群馬・19歳・♀

わずかな兆候から……

稀で良性のことが多いと言われる顆粒細胞腫。**左目から涙が出る**様子を数日見守った。数日単位で左上犬歯根元にデキモノが目立つように。生検の結果悪性と確定。上顎を広めに切除し焼き切ってもらったが、傷が癒えるころに別の疾患（がんではない）のため安楽死。安楽死処置後に獣医師が我慢できずに顆粒細胞腫の手術痕を確認した姿が忘れられない。先生も無念だったと思う。
涙ぐらいと見逃さないでください。数日くらいと先延ばしにしないでください。ものすごく進行が早かった。あっという間に口が閉じないほど大きくなりました。

［猫の昼寝代行屋さん］

にゃんとす ワンポイント

猫は人間よりも**寿命が短い分、腫瘍の進行も早い**ことが多いです。また違和感を自分で訴えることもできないので、発見が遅れやすく、診断時には治療が難しいほど進行していることも。定期的な健康診断と違和感を大切にしてください。

02

セカンドオピニオンで発覚

扁平上皮癌でした。**下まぶたの腫れが徐々にただれていき、病理検査にて確定診断**。最初は別の病気と言われていましたが、セカンドオピニオンで検査しました。
確定診断時は余命3ヶ月と言われ、抗がん剤治療を行っても4ヶ月に延びる程度と言われたので抗がん剤は使用しませんでした。最後の約2ヶ月はお水のみで過ごし確定診断から半年後に眠ったまま永眠しました。

［にゃこー@ねこ垢さん］

三毛姐さん

沖縄・12歳・♀

猫がなりやすい その他のがん

リンパ腫《しゅ》以外にも、乳がんや扁平上皮癌《へんぺいじょうひがん》（頭頸部《とうけいぶ》がん）、肥満細胞腫、線維肉腫などがあります。これらのがんは、体表にしこりができるものが多く、飼い主さんも比較的気づきやすいので、それぞれのがんの特徴を知っておきましょう。

乳がん：リンパ腫と並んで、非常に多いがんです。人間と同様に**ほぼメス猫で発生**します。猫の乳がんは非常に悪性度が高く、乳腺のしこりの約8割が悪性で、転移率も高いため、注意が必要な腫瘍です。猫は人間よりも乳腺が多い（個体差がありますが、普通は8個）ため、30〜60％の確率と比較的高い確率で複数の乳腺にしこりがあると言われています。そのため、早期発見には**入念なしこりチェック**が大切です。詳しい方法は「キャットリボン運動」で検索してみてください。

乳がんでもうひとつ覚えておいてほしいことは、避妊手術を受けていない、もしくは1歳未満で避妊手術を受けることができなかった猫は、1歳未満で避妊手術を受けた猫と比較して、乳がんの発症リスクが非常に高いことです。あるデータによると、1歳未満で避妊手術を受けた場合、乳がんの発症リスクを86％減らすことができる一方で、1〜2歳では11％しか予防できず、それ以降は避妊手術を受けても発症予防効果は期待できないようです。避妊手術を受けていない猫や成猫で保護したなど避妊手術が遅くなってしまった猫は特にお腹にしこりがないか、日ごろからチェックするようにしましょう。

扁平上皮癌：**顔周りの皮膚や口の中にできるがん**です。人間でいう頭頸部がんに当たります。このがんの特徴は、**「傷を作りやすいがん」**ということです。なかなか治らない顔・口周りのかさぶたや口内炎が実はがんだった……というケースも少なくありません。難治性口内炎の場合は左右対称にできますが、扁平上皮癌の場合は非対称性にぽつんとできます。また紫外線との関連も知られており、野外で過ごす時間が長かった猫は、耳や鼻の頭などの毛の薄い場所に発生しやすいので注意が必要です。また白猫のように色の薄い猫もリスクが高いです。室内でも一般的な窓ガラスは紫外線を通します。シニア猫は熱中症のリスクも高いので、ひなたぼっこはほどほどにしておきましょう。またタバコの副流煙による誘発も指摘されています。

肥満細胞腫：一般的に**皮膚にしこりをつくる**腫瘍です。肥満というワードが含まれていますが、太っているかどうかは関係ありません。それほど悪性度が高いがんではなく、外科手術で取り切れてしまうことが多いですが、早期発見・早期治療が大切です。日ごろのスキンシップやブラッシングの際に、しこりがないかチェックしましょう。一方、内臓（特に脾臓《ひぞう》）に発生する肥満細胞腫は非常に悪性度が高いです。皮膚に多数の肥満細胞腫ができている場合は、内臓にも肥満細胞腫が発生している、もしくは発生する可能性があるので注意が必要です。

注射部位肉腫（線維肉腫）：ワクチンなどの注射を打った部位に稀に線維肉腫という悪性度の高い悪性腫瘍ができる場合があります。発生率は低いので、これを理由にワクチンを必要以上に忌避する必要はありませんが、次の「3・2・1ルール」に該当する場合は動物病院で精密検査を受けましょう。**注射を打った部位に3ヶ月以上続くしこりがある、2cm以上の大きさになった、1ヶ月たってもしこりが大きくなり続けている**場合です。

肺がん：こちらも発生率は高くありませんが、**猫の指が腫れて痛がっている**場合は「肺がん」の可能性があります。肺指症候群といって、猫の肺がんは指先に転移しやすいのです。転移した肺がんが指の骨を破壊しながら増殖している状態で、強い痛みや炎症を伴います。ケガや皮膚炎と間違えやすいのでぜひ覚えておいてください。

がんの経験談②

先輩飼い主さんに聞きました

01

治療選択の葛藤

上唇に線維肉腫ができました。

初めは口内炎との診断でしばらく治療をしていたのですが妙に硬い部分があるので違う病院で受診。病理検査を勧められすぐ予約を入れました。結果、悪性の線維肉腫でした。

線維肉腫は根が深いので「完全に取りきりたいのなら上顎ごと切除になる、その場合うちではできないので2次病院を紹介します」と言われました。悩んだ結果、顎ごとの切除は行わずまた肉腫が出てきたら都度切除していくことにしました。

診断から3年半、その間に切除手術は3回。最後に切除してからは1年近く経ち、今は落ち着いて元気にしています。上顎切除をしなかったのは術後のQOLの向上と、エイズキャリアの子だったため術後感染症にかかる可能性が高いと言われたためです。寿命が短くなっても美味しくごはんを食べて気持ちよく眠れる時間をできるだけ長く保つことを優先しました。ものすごく悩みましたけれど。幸いなことによい結果になっていると思いますが後悔する可能性もあったと思います。　［にょろりんさん］

ぐるーちょ

福島・12歳・♂

にゃんとす
ワンポイント

大きな手術を受けることが必ずしも最良の選択とは限りません。**猫さんの状態や腫瘍の性質**、そして何より**愛猫の生活の質（QOL）**を考えながら、治療方針を決めていくことが大切です。獣医師と相談しながら、愛猫にとってベストな選択を探りましょう。

CHECK!

PART 3

元気すぎには要注意！甲状腺機能亢進症

甲《こう》状《じょう》腺《せん》機《き》能《のう》亢《こう》進《しん》症《しょう》

甲状腺機能亢進症は、甲状腺に良性の腫瘍（まれに悪性になることもある）ができてしまい、甲状腺ホルモンが多く作られることで起こる病気です。**10歳以上の猫で非常に多い注意すべき病気のひとつ**です。厳密には異なる病気ですが、人間のバセドウ病によく似た病気です。

甲状腺ホルモンは「元気ホルモン」ともたとえられるように、体の代謝を上げたり、交感神経を刺激したりするホルモンです。甲状腺機能亢進症では、元気ホルモンが分泌されすぎて、「元気になりすぎてしまう病気」とイメージすると理解しやすいです。例えば、**代謝が活発になりすぎて、どんどんやせていってしまいます**。特に猫は肉食動物なので、エネルギーを得るために脂肪よりもタンパク質である筋肉をより多く消費します。そのため、背中や腰、後ろ脚の筋肉がやせてしまうことがあります。中にはお腹がぽっこりしているのに、全体的にやせて見える猫もいます。筋力が低下してしまい、高いところに飛び乗れなくなる猫もいます。体はエネルギー不足に陥るので、食べることで体の変化を補おうとするのが一般的です。そのため、食欲はすごくあるのに、やせてしまうという状態になります。

交感神経系は「闘争と逃走」の際にがんばる神経といわれ、興奮させたり、心臓をどきどきさせたり、呼吸を速めたりします。興奮したり、適度なストレスにさらされたりしたときに「アドレナリンが出る」と表現することがありますが、まさにその状態です。甲状腺機能亢進症では、これが常に過剰に起こっている状態で、落ち着きがなくなったり、不安になったり、攻撃的になることもあります。**「猫が家の中を走り回るようになった」**、**「もっと遊びたがるようになった」**、**「夜中でも起きてよく鳴くようになった」**と感じる飼い主さんも多いです。ストレスを感じると、ハアハアと口を開けて息をすることもあります。また、リラックスしているときでも心拍数が高いことがほとんどです。

甲状腺ホルモンには利尿作用もあるので、尿の量が増え、その分を補うためにたくさん水を飲むようになります（↓42ページ）。また嘔吐《おうと》の回数が増えたり、下痢をしたり、うんちの回数・量が増えたりして、この病気に気づくようになることも多いです。不安から過度に毛づくろいをして、毛が抜けてしまうこともあります。逆に毛づくろいをしなくなり、毛がボサボサになる猫もいます（↓18ページ）。

治療しないままでいると、いろんな臓器ががんばりすぎて、限界が来てしまいます。例えば、心拍数が増えた状態がずっと続くと、心臓の筋肉が肥厚する肥大型心筋症にな

先輩たちの経験談

こうすけ　神奈川・15歳・♂

お寺での供養

葬儀のお話。私は元々のホームタウンだったこともあって、**ペット専門のお寺さんで供養**してもらいました。急な連絡にもかかわらず親切丁寧で、お骨を拾う際は「素手で拾って頂いても大丈夫ですよ」とおっしゃっていただき、分骨も自分が好きな部位を選べました。

［つぶさん］

ってしまったり、腎臓や肝臓の病気になってしまったりすることもあります。筋肉がどんどん消耗されてしまい、最終的には命を落とすこともあります。
治療は、手術で甲状腺を摘出したり、甲状腺ホルモンの合成を抑えるおくすりを使ったりすることが一般的です。適切な治療を受けることで、寿命を大きく延ばすことができます。

腫れた甲状腺をしこりのように触ることができることも。重さで正常よりも低い場所に移動していることもある。片側だけ腫れることもある。

甲状腺機能亢進症を予防することはできるのでしょうか？　環境中の化学物質が発症に関連しているのではないかというデータもありますが、現時点ではこの病気の原因はわかっていません。そのため、有効な予防法というものはありません。定期的な健康診断で、血液中の甲状腺ホルモン（Ｔ４やｆｒｅｅＴ４）を測定することが重要です。

甲状腺機能亢進症の経験談

先輩飼い主さんに聞きました

01

症状なし、血液検査で発覚

ルカ
埼玉・19歳・♀

バニラ
埼玉・16歳・♂

４月から甲状腺機能亢進症、高血圧の投薬治療を始めました。

３ヶ月に一度の健診時の血液検査で発覚。**食欲・体重・行動に目立った変化はなかった**ので、血液検査をしなければ気付けなかったです。

投薬で甲状腺も血圧も落ち着いています。　［mocha（モカ）さん］

02

わずかな変化が……

甲状腺機能亢進症の16才の雌と11才の雄猫がいます。

どちらも①よく食べているのに**体重が減少する**、②**鳴き声が大きくなり頻度が増す**、③他の猫に対して**怒りっぽくなる**という症状がみられました。歳のわりには食欲もあり元気にみえるので健康診断の血液検査をしてなかったら見逃していたかもしれません。今はどちらも投薬で甲状腺の値が下がって体重も増加し、落ち着いたので定期的に血液検査をして薬の量を決めています。　［Y.Mさん］

ちーこ
福岡・16歳・♀

クロちゃん
福岡・11歳・♂

にゃんとすワンポイント

甲状腺機能亢進症で注意が必要なのは、**慢性腎臓病の存在を隠してしまうことがあるということ**。この場合、BUNやCREの検査値だけで腎臓の機能低下を検出することは難しいことが多いため、影響の少ないSDMAの測定が推奨されます。

PART 4

太りすぎには気をつけて！

糖尿病

猫は糖尿病になりやすい動物です。糖尿病は、インスリンというホルモンがうまく作られなかったり、インスリンに対して体がうまく反応しないことで起こる病気です。インスリンは、食べ物から摂取した糖をエネルギーとして利用するために、細胞のドアを開ける「鍵」のような役割を果たします。インスリンが細胞にくっついて信号を送ることで、細胞はすみやかに糖を取り込み、エネルギーとして利用することができます。その結果、血糖値が下がるのです。

しかし、インスリンが不足したり（鍵がない状態）、インスリンの効きが悪くなる（ドアのたてつけが悪い状態）と、糖が細胞に取り込まれなくなるので、体が必要なエネルギーを得ることができなくなり、さらに糖が血液中にあふれてしまいます。これによって、様々な症状が現れます。

例えば、余分な糖をおしっこで排出しようとするため、**おしっこの量が増えます**。それによって、水をよく飲むようになります（↓42ページ）。また、細胞がうまく糖を取り込めないために、もっと食べものを欲しがるようになります。しかし、食べても食べ

〈イメージ〉

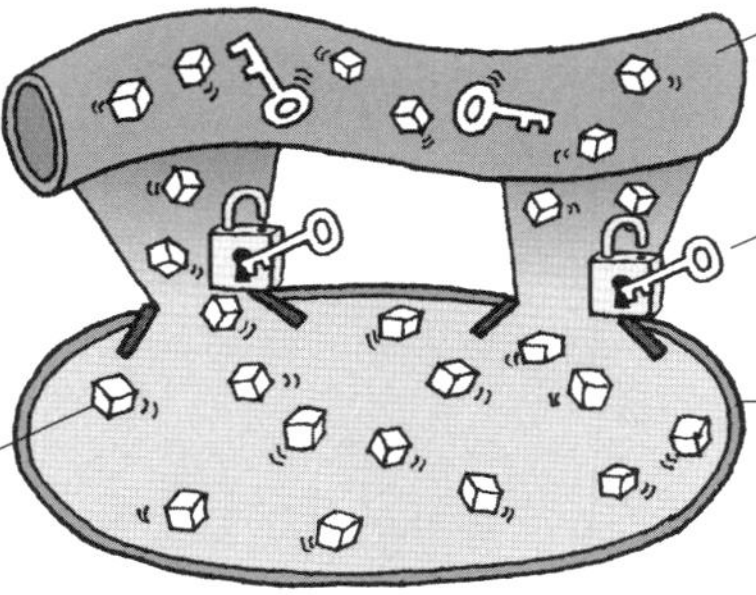

ても糖がうまく細胞に入らないために、脂肪や筋肉が分解され、**体重が減ってしまいます**。そのため、食欲があるのにやせてきた場合は注意が必要です。また、症状が進行すると、**糖尿病性ケトアシドーシス**と呼ばれる命に関わる状態に陥ることもあります。

糖尿病のタイプ

糖尿病には2つのタイプがあります。1型糖尿病は、免疫系の暴走によって、インスリンを作るベータ細胞を破壊されてしまう病気で、鍵が少なくなっている状態ですね。

一方で2型糖尿病は、体の細胞がインスリンにうまく反応しなくなることで血糖値が高くなります。インスリン抵抗性といって、ドアが開きにくくなっている状態です。猫の場合は**ほとんどが2**

型糖尿病です。人間の2型糖尿病と同様に、太っている、高齢、運動不足、オス猫は糖尿病の発症リスクが高いので注意が必要です。特に肥満の猫は理想的な体重の猫に比べて、糖尿病を発症するリスクが4倍高いです。

糖尿病の診断は、動物病院での血液検査と尿検査によって行われます。つまり、血液や尿に糖があふれていないかをチェックするのです。ただし、猫は採血のときのストレスによって、一時的に血糖値が上がることがあります。そのため、フルクトサミンという過去2週間の血糖値上昇の有無を示す検査も行われることがあります。甲状腺機能亢進症や慢性腎臓病などの病気と症状が似ていたり、併発することが多かったりするので、これらの検査も併せて行います。

予防と治療

糖尿病を患ってしまった場合、血糖値を下げるために**インスリン注射と食事療法**が行われます。特にインスリン注射は毎日ご家庭で飼い主さんが行わなくてはなりません。「私にできるだろうか……」と不安に思うかもしれませんが、慣れてくるとほとんどの飼い主さんが問題なく行えるようになります。また、猫の糖尿病はインスリン（鍵）の数は十分な場合もあり、肥満や運動不足解消でインスリンの効き（ドアのたてつけ）がよくなれば、インスリン注射は不要になる場合もあります。食事は急激に血糖値をあげないように、低炭水化物の食事（療法食）が中心になります。水分補給やダイエットのために、ウェットフードのみの食事に変更する場合も多いです。また一度に多くの量をどか食いすると高血糖になってしまうため、少量の食事を3〜4回に分けることも有効です。

2024年9月より、**猫の新しい糖尿病治療薬「センベルゴ」が発売**されました。これはSGLT2阻害薬という種類の薬で、腎臓での糖の再吸収を阻害することで血糖値を下げる効果があります。このおくすりの画期的な点は、インスリンのような注射薬ではなく、飲み薬であるということです。毎日のインスリン注射に悩んでいる飼い主さんは、ぜひかかりつけの獣医さんに相談してみてください。

愛猫を糖尿病から守るためには、太らせないことと、毎日よく遊んであげて、運動を促すことが重要です。糖尿病の治療に低炭水化物食が有効である一方で、高炭水化物食が糖尿病のリスクを上げるというデータは今のところありません。従って、グレインフリーや極端な低炭水化物食にこだわる必要はなく、カロリー過多で太らせないことのほうが重要です。強いて言うならば、ドライフードよりもウェットフードのほうが、低カロリーかつ基本的に低炭水化物食であり、併せて水分補給もできるのでおすすめです。

PART 5

猫の認知機能不全症候群（認知症）

猫の認知症の症状とは？

近年、獣医療やキャットフードの進歩による猫の長寿化によって、認知機能不全症候群（認知症）を発症する猫が増えています。アンケートをもとにした調査では、7〜10歳の猫の飼い主の36％が、16〜19歳の猫では88％の飼い主が、何らかの加齢に関連した行動上の問題が生じていると回答したそうです。このようなデータからほとんどの猫で、老化に伴う認知機能の低下が起こっていることがわかります。では猫の認知機能の低下によってどのような症状が出るのでしょうか？　2021年にエジンバラ大学のグループが猫の認知症の主な症状（VISHDAAL）を以下の8つに分類しました。

過剰に鳴く（Vocalization）：よく鳴くようになる（特に夜間）。**特に多い。**

社交性の変化（Interaction Changes）：以前よりも飼い主に過度に依存して甘えるようになる、逆にそっけなくなり愛情行動が減る。攻撃的になる。

睡眠／覚醒サイクルの変化（Sleep/wake cycle changes）：睡眠サイクルが変わり、

夜間ずっと起きていたり、以前より日中寝ることが増えたりする。

不適切な排尿（House soiling）：トイレ以外の場所でおしっこやうんちをしてしまう。

見当識障害（Disorientation）：自分のいる場所や行きたい場所がわからなくなる、壁や空間をぼーっと見つめる、家具の隙間などに入り込んでしまう、フードを見つけられないなど。

活動量の変化（Activity changes）：徘徊《はいかい》するようになる、じっとしていることが増える、グルーミングを過剰にするようになったり、逆にあまりしなくなったりする、フードやおやつ、遊びに興味を示さなくなる。

不安（Anxiety）：場所や人に対して怖がるようになる、落ち着きがなくなる。

学習と記憶力の低下（Learning and memory）：ごはんをもらったことを忘れるなど。

ＶＩＳＨＤＡＡＬの症状が認められた場合、猫の認知機能が低下している可能性が高いと考えられます。ただし、シニア猫で多い甲状腺機能亢進症や高血圧などでもこうした行動異常はよく見られます。トイレの失敗は下部尿路疾患や慢性腎臓病、変形性関節症（関節炎）などでも見られる症状です。認知症ではなく、他の病気の可能性もあるので、このような症状が認められたら、必ずかかりつけ医に相談するようにしましょう。

先輩たちの経験談

シニアならではまったり遊び

ハイシニアのころになってくると、ほとんど寝ていて関節にくるのかあまり遊ばなくなりました。それでもビニール袋をただ丸めただけのボールはちょいちょいと手を出してきたかな？**「しょーがねーな、付き合ってやるか～」ぐらいのまったり感（笑）**

［もにゃママさん］

もなか

福島・18歳・♂

認知症は治るのか？

残念ながら、現在の獣医療では認知症の有効な治療薬はありません。認知症の発症を少しでも減らすためには、若いころから**猫の本能を刺激するような環境づくり**をすることが大切です。例えば、登ったり隠れたりすることができる場所をつくる、毎日短時間でも遊びの時間をつくる、パズルフィーダーを取り入れるといった工夫をしてみましょう。

また、ヒルズやピュリナは猫の認知機能の維持に有効である栄養成分の研究に取り組んでおり、効果が認められた抗酸化物質や魚油などを使用しています。例えば、「サイエンス・ダイエット〈プロ〉シニアトータルケア機能」や「ネスレ ピュリナ プロプラン7歳以上の成猫用」などがこれにあたります。他の療法食が必要な持病などがなければ、与えてみてもよいでしょう。認知機能の低下が疑われる場合は、抗酸化物質やオメガ3脂肪酸などを含むサプリメントも有効な場合があり、獣医師の指導のもとで試してみてもよいでしょう。ただし、αリポ酸と呼ばれる成分が入ったサプリメントは、猫に有毒なので絶対に与えないようにしましょう。抗不安薬などの薬物治療や不安を和らげるサプリメント（ジルケーン）、ホルモン製剤（フェリウェイ）で症状が改善する場合もあるので、かかりつけの獣医師に相談してみましょう。

認知症の経験談 01

先輩飼い主さんに聞きました

認知症か確信はないけれど……

大好物のおやつがあり、毎晩８時にあげていました。10年以上続いている習慣です。体内時計がどれだけ正確なの？と思うぐらい、８時になると台所の定位置で待ちます。

食べると満足してゆったり過ごしていたのですが、最近は一度あげても「もらっていない」と怒ったような声で**鳴いて催促したり、朝昼晩関係なく定位置で待っていたり**します。

ひとりっ子のせいか食べ物に執着はなかったのですが、大好物のおやつに執着するようになりました。これが認知症からくるものなのか、脳の写真を撮った訳でもないのでハッキリとはわかりませんが、ここ一年位で明らかに変わったなと思える行動です。

腎臓が悪くなり一旦おやつはやめたのですが、三つ指ついて出てくるまでジッと待つ姿を見るとどうにも泣けてきて、獣医さんに相談して少しの量をあげることにしました。療法食もモリモリ食べてくれたらうれしいのですが……なかなかうまくいきません。　［あもさく。さん］

あも
東京・19歳・♀

にゃんとすワンポイント

猫の寿命は、ここ10～20年で延びました。そのため、猫の認知症は、**まだきちんとした診断基準や治療法が確立されていません。**愛猫の変化に戸惑うこともあるでしょう。でも焦らず、獣医さんと相談しながら試行錯誤を重ねていけば、愛猫に合ったケア方法が見つかるはずです。

PART 6

ほかの疾患と関係の深い 高血圧

「高血圧」と聞くと、塩分の取りすぎなど不健康な食事や太っているとなってしまう病気というイメージがあるかもしれませんが、猫の場合はそうではありません。

高血圧には原因がはっきりしない本態性（特発性）高血圧と、何らかの原因がある二次性高血圧の2種類があります。人間の場合はほとんどが前者で、生活習慣や遺伝的な素因が組み合わさって発症すると考えられています。一方、**猫の高血圧症はほとんどが二次性高血圧症**で、慢性腎臓病や甲状腺機能亢進症《こうじょうせんきのうこうしんしょう》、心臓病などによって引き起こされます。これらの病気はシニア猫で非常に多い疾患ですので、高血圧症はシニア猫では気をつけなくてはならない病気なのです。

血圧とは、心臓から送り出された血液が動脈の血管壁の内側を押す力で、高血圧症は血圧が高い状態が持続している状態です。この状態が続くと、**いろいろな臓器にダメージを与えます**。これを標的臓器障害といい、特に眼、心臓、脳、腎臓が影響を受けやすいです。問題は、臓器障害が進むまではっきりとした症状がないことです。海外では高血圧症を「サイレントキラー」と呼ぶこともあるそうです。最終的には網膜剥離《もうまくはくり》で失明したり、心不全や発作、腎臓の機能が低下したりといった深刻な状態に陥ることがあります。特に腎臓は血圧をコントロールする機能を持っています。慢性腎臓病の猫では腎臓の機能が低下することで血圧が上がり、さらに腎臓に負担がかかって血圧が上がるという悪循環が起こります。これを腎性高血圧といい、早めに発見して対応することが大切です。

では、健康なときから定期的に血圧を測ってモニタリングすべきかというと、非常に悩ましいところです。というのも、猫の大半は病院嫌いです。病院では緊張して血圧が高くなってしまう傾向があります。「白衣症候群」という名前もついていますが、緊張で血圧が高いのか、本当に高血圧なのか、判断が難しい場合が多いからです。猫も人間と同じように手に血圧計を巻いて測定しますが、猫にとっては血圧測定自体がストレスのかかる検査です。人間のようにじっとしてくれるとは限りませんから、正確に測ることは難しいですよね。結果として、何度も測り直して、時間がかかることもしばしばあります。ましてや、病院嫌いの猫は測ることすら難しいことが多いです。

とはいっても、サイレントキラーと呼ばれるほど怖い病気を放っておくわけにはいきませんよね。猫の高血圧はほとんどが腎臓病や甲状腺機能亢進症などの原因となる病気によって引き起こされるのでした。従って、高血圧症を早期に発見するためには定期的

血圧測定中の猫。手やしっぽで測ることが多い。

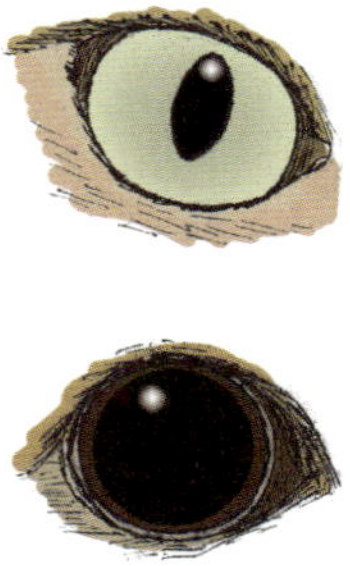

血圧が高い状態が続くと、明るい場所でも瞳孔がひらきっぱなしになり、黒目が大きくクリクリに見えることがある。

な健康診断でこうした病気がないかどうか、チェックすることが大切です。もし、これらの病気が疑わしい場合は血圧を測定して、高血圧が併発していないかをチェックするというのが現実的でしょう。

それでも高血圧を見逃してしまうことはよくあります。**高血圧症の症状の多くは眼に現れます**。例えば、瞳孔が常に開いてまんまるな状態（散瞳）になっていたり、ずっと瞳孔が開いていたり、片目だけ瞳孔が開いていたり、眼の中が出血で赤くなってしまったりします。放っておくと失明してしまう危険性が非常に高いので、このような症状が見られた場合は、早めに獣医師に相談してください。

投薬のコツ

先輩飼い主さんに聞きました

01 猫も人も慣れが肝心

何もなくても口を開けて中を覗いたりして、**早いうちから口を触れるように練習**していました。
また、猫に遠慮しすぎず、ガっと掴むことや太ももで挟むことも大事なテクニックだと思います。

［猫の昼寝代行屋さん］

はま子ちゃん
群馬・18歳・♀

02 苦さによってあげ方を工夫

苦い錠剤のお薬は**メディボールなどに包んで口の奥に**入れています。体が小さい子なのでメディボールも丸々1個ではなく1/3程度にちぎって使っています。お薬ボールを口に放り込んだらやや上を向かせて口を開かないように口周りを包みつつ、喉や鼻を優しくさすってあげると飲んでくれることが多いです。お薬ボールを飲ませたらシリンジで少しお水も飲ませてあげています。
苦くないお薬は**少なめのチュールに混ぜて完食してもらう**か、水に溶いてスポイトやシリンジで飲ませてあげています。投薬方法を苦い／苦くないで決めています。

［瑠璃さん］

アリス
愛知・22歳・♀

にゃんとす ワンポイント

「これから薬を飲ませるぞ」という雰囲気を出**さないことも意外と大切**。錠剤はあらかじめ用意しておいて、さりげなく手の中に隠しておくとよいでしょう。普段と同じように猫を抱っこして、リラックスさせてから薬を飲ませるのがうまくいくポイントです。

PART 7

発見の難しい 変形性関節症（関節炎）

寝ている時間が長くなったり、高いところにあまり登らなくなったりすると、「うちの子も年を取ったなぁ」とついつい思いがちですが、変形性関節症（関節炎）で体が痛いのかもしれません。変形性関節症は、関節の軟骨がすり減り、骨同士がぶつかりあうことで炎症や痛みが起こる病気です。人間も年を取ると、腰が曲がって節々が痛むようになりますよね。これと同じ状態です。とある研究では、6歳以上の猫の61％に関節炎があり、特に14歳以上の猫では82％が関節炎を患っていたというデータが報告されています。関節炎は命に関わる病気ではありませんが、**体が痛いというのは猫にとって大きな苦痛**になります。完治は難しいですが、早く見つければ進行を遅らせたり、痛みを和らげたりすることができます。

とはいっても、猫は痛みを隠す習性があるので、なかなか関節炎の存在に気づくのは難しいです。落下や交通事故による骨折のような強い痛みであれば、さすがの猫でも足を上げながら歩いたり、足を引きずったりするのでわかりやすいのですが、関節炎のようなじわじわした痛みははっきりとした痛みのサインが出ることは稀です。しかし、猫の様子をよく観察すると、痛みのサインに気づくことができます。
例えば、猫が以前よりもジャンプを嫌がったり、階段の上り下りが難しくなったり、寝ている時間が長くなったりします。毛づくろいの回数が減って毛がもつれたり、逆に痛い部分を過剰に舐めたりすることもあります。さらに、普段よりもイライラして触られるのを嫌がったり、他の動物や人間との接触を避けるようになることもあります。爪とぎの頻度が減り、爪が伸びすぎることやトイレを変な場所でしてしまうこともあります。次ページのチェックリストを参考にしてみてください。

関節炎を患ってしまった場合、高い場所やトイレ、食事の場所にアクセスしやすいように**ステップやスロープを設置**しましょう。また、肥満は関節炎を悪化させるため、**適切な体重を維持**することが大切です。動物病院での治療は、炎症を抑えるおくすりや痛み止めが使われます。最近では、月1回の投薬で済む「ソレンシア」という注射薬が登場しました。効果が長く続くため、通院回数が少なくて済むというメリットがあります。猫にとっても飼い主さんにとっても負担が少ない画期的な新薬です。ただし、登場して間もないということで、日本でのデータが少ないという欠点がありますが、かかりつけの先生とよく相談されてから治療を選択するとよいでしょう。

先輩たちの経験談

目薬不意打ち作戦！

スノ

バンコク・7歳・♀

うちは目の調子が悪いときにたまに目薬するくらいだったので、不意打ち作戦でやっていました。
目薬するぞ！という気持ちを悟られないように、普段通り膝に乗せて顔をナデナデしてその流れで左手の指で目をカッと開けて固定し右手でサッと目薬さす、で乗り切りました。 ［satomiさん］

変形性関節炎（関節炎）
5つのチェックリスト

1. 階段の上り下り

□後ろ足を揃えて跳ねて登ったり、
体を横向きにして一段ずつ下りたりする。

2. 動くものを追いかけるとき

□途中でゆっくりになったり、
休憩することが多い。

3. ジャンプするとき

□飛び乗る前にためらう。
1回のジャンプで届かず、前足をひっかけてから後ろ足を引き上げる。
高いところに一気に登らず、ステップを使って登る。

4. 飛び降りるとき

□飛び降りる前にためらい、
大きくジャンプせずに
ステップを使ったり、
地面に足を伸ばして降りる。

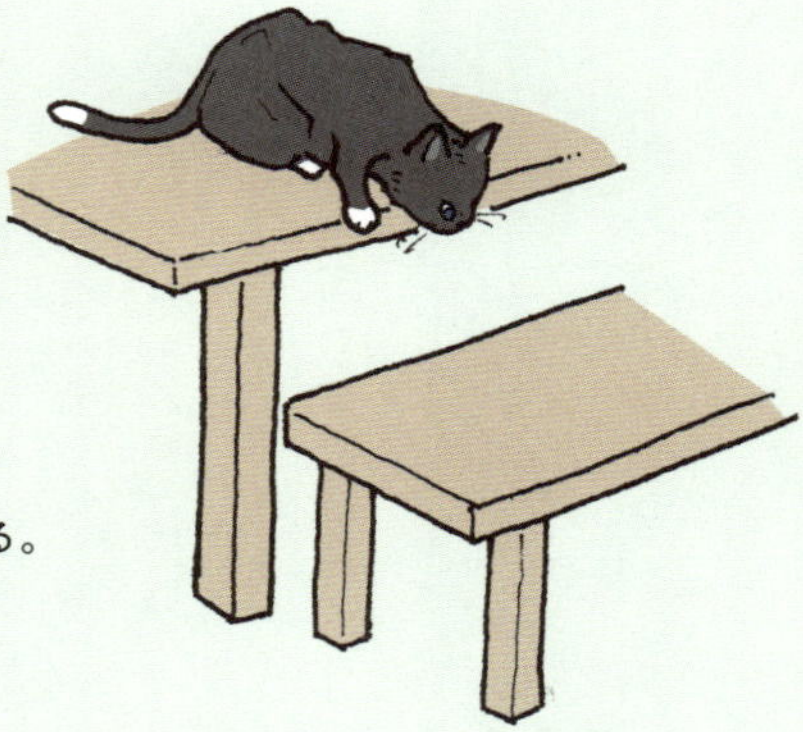

5. 走るとき

□全体的に動きが遅く、
歩くときに早歩きを交互にする。

1個でも当てはまる場合は、かかりつけに相談を！

関節炎の経験談

先輩飼い主さんに聞きました

01 きっかけはジャンプの失敗

みかん

長崎・19歳・♀

難なくジャンプしていたところで、**足をぶつけたり失敗する**ことが出てきました。横になるときも「よっこいしょ」くらいの緩慢な動作だったり、階段の上り下りもゆっくりだったり。関節痛も出てきたのか、今まで敷居で爪とぎしたり畳に爪を引っ掛けたりしていたのもやらなくなり、爪切りも痛がるように。そのため爪切りは病院で切ってもらうようになりました。

[まろん家さん]

にゃんとす ワンポイント

折れ耳のスコティッシュホールドは骨軟骨異形成症という軟骨や骨の異常をもっているので、若いころから注意が必要です。「スコ座り」と呼ばれる、お尻を地面につけておっさんのように**後ろ足を前に投げ出す座り方**をしている場合は、足が痛いサインの可能性があります。

CHECK!

02 足腰が弱っても快適な環境づくり

16歳♀です。腰痛でしたが、いつもと歩き方が違い（頭を低く下げた姿勢で歩く、速度が遅い）病院に行きました。
カルトロフェンを数回注射してからは改善してキャットタワーの一番上に登れるようになりました。これから足腰が弱っていくことを見越して、仕事机や窓辺、ベッドなど**お気に入りの場所には段差が低いステップを配置**しています。

[にゃこー@ねこ垢さん]

みゆ

沖縄・16歳・♀

PART 8

突然死の原因にもなる 肥大型心筋症

肥大型心筋症は、猫にとても多い心臓病のひとつで、健康に見える猫でも**6〜7匹に1匹がこの病気を持っている**というデータもあるほど一般的な病気です。

この病気は、心臓の筋肉が肥大してしまい、血液をうまく送れなくなってしまうものです。イメージとしては、心臓がマッチョになりすぎて、うまく動かせなくなってしまうような感じです。肥大型心筋症の病因のひとつに遺伝子の異常があります。生まれつき、心臓がどんどんマッチョになっていくのです。メインクーンやアメリカンショートヘアなどの特定の猫種で多く見られますが、雑種の猫でも多い病気です。肥大型心筋症の進行の速さは猫によって違い、若いうちに急に悪くなる猫もいれば、ゆっくり進行して高齢になってから心不全になる猫もいます。

一方でシニア猫では、全身性高血圧症や甲状腺《こうじょうせん》機能亢進症《きのうこうしんしょう》などの他の病気が原因で、**二次的に肥大型心筋症を発症**することも多いです。こちらは、心臓に負荷がかかり（筋トレ）、マッチョになってしまうようなイメージです。全身性高血圧症では血管がぎゅっと締まった状態ですので、血液を送り出す心臓に大きな負担がかかります。その結果、心臓の筋肉が厚くなり、肥大型心筋症になるリスクが高まるのです。一方、甲状腺機能亢進症では、過剰に作られた甲状腺ホルモン（元気ホルモン）が心臓に作用し、代謝が上がり心拍数も増えます。心臓が元気に頑張りすぎた結果、心臓の筋肉が厚くなってしまうのです。

肥大型心筋症の怖いところは、**症状が出にくく、見逃されやすい**ことです。その一方で、進行すると心不全や血栓症を引き起こすため、突然死の原因になります。マッチョになった心臓の中では血液が滞留しやすく、それが固まって血栓になります。血栓は心臓の中にいる間は悪さをすることはありませんが、なにかの拍子に血液と一緒に心臓の外に送り出されてしまうと、それが血管に詰まってしまうのです。これを「梗塞《こうそく》」といいますが、人間だと「脳梗塞」や「心筋梗塞」をイメージしますよね。文字通り、脳や心臓に血栓が詰まることですが、猫の場合は後ろ足の動脈に詰まることが多いです。60ページで解説したように、突然苦しみだし、後ろ足が動かなくなります（大動脈血栓塞栓症）。同時に肺や胸に水がたまり、呼吸が苦しくなることもあります。この状態は非常に危険で、発症前まで無症状で元気だった猫が一夜にして亡くなることも多いのです。

恐ろしい病気ですが、肥大型心筋症の有効な治療法は現在のところありません。**早期**

に発見し、心臓の負担を減らす薬を使うことで、病気の進行を遅らせることができます。早期発見のためには、定期的な健康診断が重要です。しかし、肥大型心筋症は聴診やレントゲンでは異常が見つからないことも多く、場合によっては心臓の超音波検査や特殊な血液検査（NT-proBNP）などを受ける必要があります。また、甲状腺機能亢進症や高血圧症、慢性腎臓病など、心臓に負担がかかる基礎疾患の早期診断および早期治療も大切です。

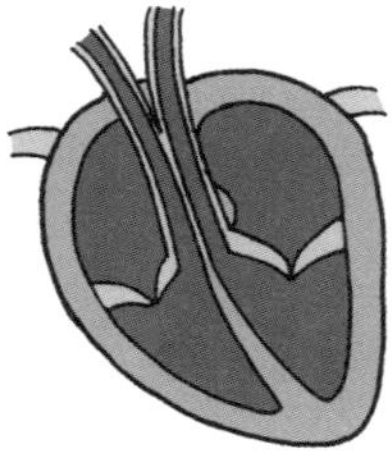

健康な心臓

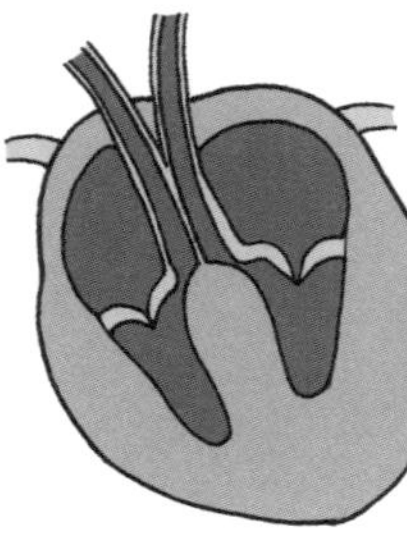

肥大化した心臓

　おうちでできる簡単な心臓チェック方法は、猫がお昼寝をしているときに呼吸回数を数えてみてください。吸って吐いてで1回とカウントして、**30回／分を超えている**場合は心臓に問題がある可能性が非常に高いというデータがあります。注意点は、30回以内だからといって心臓に問題がないわけではありません。健康診断に置き換わるものではありませんが、ぜひ覚えておいてください。

肥大型心筋症の経験談

先輩飼い主さんに聞きました

01

鼻翼呼吸をきっかけに

今年2月に肥大型心筋症が発覚し現在闘病只中です。

きっかけはやはり**食欲不振**から。持病の腎臓の数値は落ち着いていたので胃腸を活発にする注射を打ち様子見。しかしあまり効果がなく3日後、**呼吸が早いように見えたので再度通院、レントゲン、エコーを撮って発覚**しました。

設備のある病院を紹介していただき即移動。診断では2㎝位の血栓が心臓にあることも発覚。胸水を300mL抜きました。腎臓のために行なっていた自宅輸液はストップ、ベトメディン、イグザレルドの投薬を開始。一旦は落ち着いたものの1ヶ月後、鼻翼呼吸が見られ心嚢水と胸水を抜きました。

鼻翼呼吸に気づいたのはにゃんとす先生が以前Xにポストしてくださった動画を観ていたから（にゃんとす先生をフォローするきっかけでもありました）。

あの動画を観ていなかったら鼻翼呼吸の深刻さを知らないままでした。すぐに気づいて病院に行けたこと、とても感謝しています。

［なかともさん］

オチャム
北海道・15歳・♂

にゃんとす
ワンポイント

現段階では効果的な治療薬のない肥大型心筋症ですが、人間の医療では心筋の肥厚に直接作用する「ミオシン阻害剤」という新しい薬が登場し、注目を集めています。海外では既に猫への投与実験も始まっており、近い将来、日本の獣医療でも使用されるようになるかもしれません。

PART 9

便秘

猫はとても便秘になりやすい動物です。特にシニア猫は便秘のリスクが高く、便秘は一見大したことないように思われるかもしれませんが、体にかなりの負担がかかります。重度になると食欲がなくなったり、体調を崩してしまうこともあります。さらに最悪の場合、「巨大結腸症」という腸が伸び切ってしまう病気になる可能性が高まります。こうなってしまうと、腸を切除する手術が必要になります。便秘は甘く見てはいけないのです。

便秘の兆候としては、**丸二日間以上便が出ない、便が小さくてコロコロしたものが少量しか出ない、トイレで気張っているのに便が出ない、トイレに頻繁に出入りする、便のキレが悪くお尻歩きをする**などがあります。便秘が続くと、いきみすぎて嘔吐したり、少量の粘液や出血を伴ったり、トイレ以外の場所で排便することもあります。これらの症状が見られたら、早めに動物病院を受診することをおすすめします。また、硬い便の脇を粘液便がすり抜けて出るため、便秘なのに下痢と間違われることもあります。

シニア猫が便秘になりやすい理由はいくつかあります。まず、年齢を重ねることで腸の機能が低下し、便をスムーズに排出する力が弱くなります。また、関節炎を患うことが多く、トイレへの出入りや排便姿勢を取ることが痛みを伴うため、排便を我慢するようになってしまうことも理由のひとつです。さらに、シニア猫は慢性腎臓病を患っていることが多く、これが便秘の原因となることもあります。慢性腎臓病になると尿の量が増えて体の水分が失われ、便が硬くなってしまうのです。

便秘になりやすい猫の特徴については、2019年に行われた研究が参考になります。この研究では、過去に動物病院に来院した288匹の猫の医療記録を解析し、便秘のリスク因子を明らかにしました。便秘と診断された189匹の猫と、対照群として別の病気で来院した99匹の猫を比較しました。結果、便秘になりやすい猫の特徴として、**高齢、肥満、慢性腎臓病の既往歴**などが挙げられました。具体的に、シニア猫は便秘群の平均年齢が10歳であったのに対し、対照群は6歳でした。一方、肥満も便秘のリスクを増加させ、便秘群の猫は対照群よりもボディコンディションスコアが高かったようです。便秘の予防には太らせないことも大切ですね。

動物病院では、便秘の原因を調べ、適切な治療を行います。まずは触診で硬い便が溜まっていることを確認し、必要に応じて血液検査やレントゲン検査を行います。浣腸や摘便の処置（指を使って掻き出す処置）が必要な場合もありますが、麻酔が必要なこともあり、猫にとって負担の大きい処置です。もうひとつの治療法として、療法食を使っ

先輩たちの経験談

動物霊園との長い付き合い

葬儀、うちは動物病院で候補を3つほど教えていただき、その中から選びました。それからずっと同じところにお願いしていて、その**動物霊園とは20年以上の付き合い**になります。人間の葬儀とほとんど変わらない感じで見送っています。［Yuzutaro さん］

マール　東京・6歳・♂

うんち観察の目安

グレード1 注意
水っぽいうんち

グレード2 注意
ほとんど形のないうんち
塊のある水っぽいうんち

グレード3 要観察
半分ほどが
軟便で形成されたうんち

グレード4 理想
やわらかいが
しっとりした形のあるうんち

グレード5 理想
形がよく、取り上げた
ときに跡が残らないうんち

グレード6 注意
硬く乾燥した
コロコロうんち

た食事療法があります。特にロイヤルカナンの「消化器サポート可溶性繊維」はよく効く印象です（動物病院限定、自己判断で与えるのはやめましょう）。また、ウェットフードやサイリウムを食事に加えることも効果的です。便秘が気になる場合は、食事内容を含めてかかりつけの獣医師に相談しましょう。

シニア猫の便秘予防には、日ごろから十分な量の水を飲ませ、適切な体重管理を行い、排便を我慢しないようにトイレを清潔に保つことが重要です。長引くようなら動物病院でしっかりと検査を受け、適切な治療を受けることが大切です。

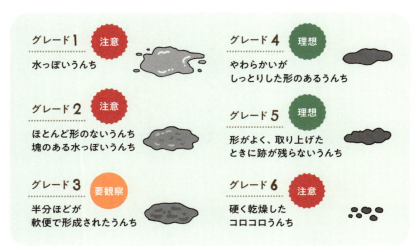

便秘の経験談

先輩飼い主さんに聞きました

01 継続的な観察が大切

多頭飼いですが、だいたい同じ場所で便をするので**排便チェックやトイレの滞在時間が長くないか、排便の姿勢を何度もとっていないか**気をつけています。
いちばん酷かったときは吐きました。レントゲンで確認して頂いたところ硬い便が腸内から背骨を圧迫して痛みで踏ん張れなくなっていました。病院にて便摘出を行い、ラクツロースやフード（療法食）、時々皮下点滴で水分も補っています。　［にゃこー@ねこ垢さん］

みくり
沖縄・7歳・♀

02 巨大結腸症から来る便秘

保護した後に**巨大結腸症だとわかった高齢猫も便秘**でした。ロイヤルカナンの消化器サポート（可溶性繊維）とラクツロースやサイリウムを試しましたが、最後は水に溶けやすいモビコールを飲ませていました。お腹のマッサージも好きだったのでよくしていました。
気をつけたのは便の量が一定か？　便が硬すぎないか？　便が溜まりだすと食欲が落ちてくるので、食べる量も気をつけていました。

［Y.Mさん］

あずき
福岡・14歳・♀

PART 10

最も多い病気
下部尿路疾患

加齢に伴ってリスクが増加する病気というわけではありませんが、猫の最も多い病気である「下部尿路疾患《かぶにょうろしっかん》（FLUTD）」について知っておきましょう。**膀胱《ぼうこう》から尿道までのおしっこの通り道に起こる様々な病気や症状の総称**です。

その中でも特に多い病気は「特発性膀胱炎」と「尿路結石《にょうろけっせき》」です。どちらも症状としては、何度もトイレに行く、ポタポタ尿が垂れる、陰部を舐める、排尿ポーズを取るがおしっこが出ない、痛みを感じて鳴く、血尿が出るなどです。

特発性膀胱炎の「特発性」とは「原因不明の」という意味ですが、ストレスが主な原因ではないかと考えられています。実際にあった特発性膀胱炎の発症ケースとしては、飼い主に子どもや孫が生まれた・遊びに来るようになった、家の近くで工事が始まった、同居猫と仲が悪い、同居猫や犬が亡くなった、お留守番の時間が長い、関節炎や胃腸疾患などの痛みを伴う病気が隠れていた、通院回数が多いなど、様々な環境や体調の変化が猫のストレスになる場合があります。また、ストレスだけでなく、運動不足や肥満、水分の少ない食事（カリカリのみ）、性別なども関係していると考えられており、特に

運動不足で太っている若いオス猫は発症リスクが高いので注意しましょう。

尿路結石も猫で非常に多く、数センチの石のようなものもあれば、砂状のものまで様々です。こちらは猫の体質や食事の内容、あまり水を飲まないことなどが関連していると考えられています。おしっこがキラキラしていることで気づく飼い主さんもいます。

膀胱炎も尿路結石も、最も注意が必要なことは石や尿道栓子《にょうどうせんし》（死んだ細胞や血液、結晶などが固まったもの）がおしっこの通り道に詰まることです。特にオス猫は尿道がかなり細く、詰まりやすい構造をしています。おしっこが詰まると膀胱がパンパンにふくれて、腎臓に大きなダメージを与えます。またその状態が長引けば、尿毒症という状態に陥り、命に関わる場合もあります。

このような下部尿路疾患の予防のためには、トイレ環境を猫にとって快適なものにする、猫のストレス源をなくす、水をたくさん飲んでもらう工夫をする、遊ぶ時間を増やす、太らせないことなどが大切です。

先輩たちの経験談

フードごとのお好みで

食欲がないときは、**ウエットフードなら10秒ほどレンチン**で温めて香りを出し、**ドライフードにはフリーズドライささみふりかけ**をかけています。
水はぬるま湯だと美味しそうに飲んでいるので、朝晩ぬるま湯を入れています。
［みなさん］

ちぇりー　千葉・20歳・♀

COLUMN

麻酔や治療についてどう考える？

シニア猫には麻酔は無理？

高齢だからといって、安易に「麻酔は無理」と決めつけるのは避けましょう。むしろ、高齢だからこそ麻酔が必要な場面が多くあります。シニア猫がかかりやすい病気には、悪性腫瘍《しゅよう》をはじめとした命に関わるものが多く、これらを見逃すことが致命的になる可能性もあります。また猫は特に病院嫌いな子が多く、麻酔なしでは検査や治療が難しい場合があります。そのような場合は、麻酔をかけることで猫への負担が軽減されるケースもあるのです。

「高齢」そのものは病気ではなく、それ自体が麻酔のリスクになるわけではありません。確かにシニア猫は健康上の問題が生じやすくなりますが、それは術前の検査でしっかりと評価し、判断することが大切です。血液検査などで全身状態を適切に評価した上であれば、高齢であっても安全に麻酔をかけることができるケースがほとんどです。

獣医師は幅広い診療科を一人でカバーしなければならないため、麻酔に精通していない場合もあります。もし愛猫に麻酔が必要となった場合は、**かかりつけ医とよく相談し、**

必要に応じてセカンドオピニオンを求めたり、より高度な獣医療を提供している二次診療施設への紹介を検討したりすることをおすすめします。

猫にとってよい治療とは？

高齢になると、ときに外見を大きく変えてしまうほどの大きな手術が必要になることがあります。例えば、がんを切除するために、下顎を切除したり、足を切断したりしなければならないケースです。こうした手術を提案すると、「かわいそうだから」と拒否される飼い主さんもいます。確かに、私たち人間の目から見ればこのような治療は過酷に感じるかもしれません。しかし、**動物自身は外見の変化に悲観することはありません。**むしろ、痛みの原因が取り除かれることで、元気を取り戻すことも多いのです。

どのような治療を選択するにしても、**人間の感覚ではなく、愛猫の生活の質（QOL）の維持・向上を最優先に考えてあげる**ことが大切です。

COLUMN

往診という選択

動物病院への受診が難しい場合、獣医師や動物看護師に自宅に来てもらう「往診」という選択も可能です。

往診のメリットは、動物病院への通院と比較して、**愛猫の負担が少ない**ことです。愛猫にとって慣れ親しんだ環境で診察や治療を受けられるため、ストレスを軽減できます。

特に、怖がりな猫やホスピスケアが必要な場合は、通院自体が難しいことが多々あります。往診は「治療はしてあげたいけど、病院に連れて行くこともかわいそう……」という飼い主さんの気持ちに寄り添う選択肢となるでしょう。

ただし、往診にはいくつかの制限もあります。例えば、レントゲンやCT、内視鏡などの大型医療機器を使用する検査や手術が必要なケースなどは、動物病院での対応が必要となります。また費用も往診料が加算されるため、高くなります。

往診を希望する場合は、往診専門もしくは往診にも対応可能な動物病院に相談し、料金や対応可能な処置などを確認しておくことをおすすめします。

酸素室について

貧血や心臓病になったり、胸や肺に水が溜まったりすると、息が苦しくなり、呼吸状態が悪化します。このような状態に陥ってしまった場合、**苦しさの緩和のために、濃縮した酸素を吸入させる**ことがあります。

緩和ケアやホスピスケアの一環として、自宅での酸素吸入も可能です。いくつかの企業がペット向けの酸素室のレンタルを行っています。酸素濃縮器や酸素ケージ、酸素濃度計などをレンタルすることができます。業者によっては、一部購入が必要なものもあります。

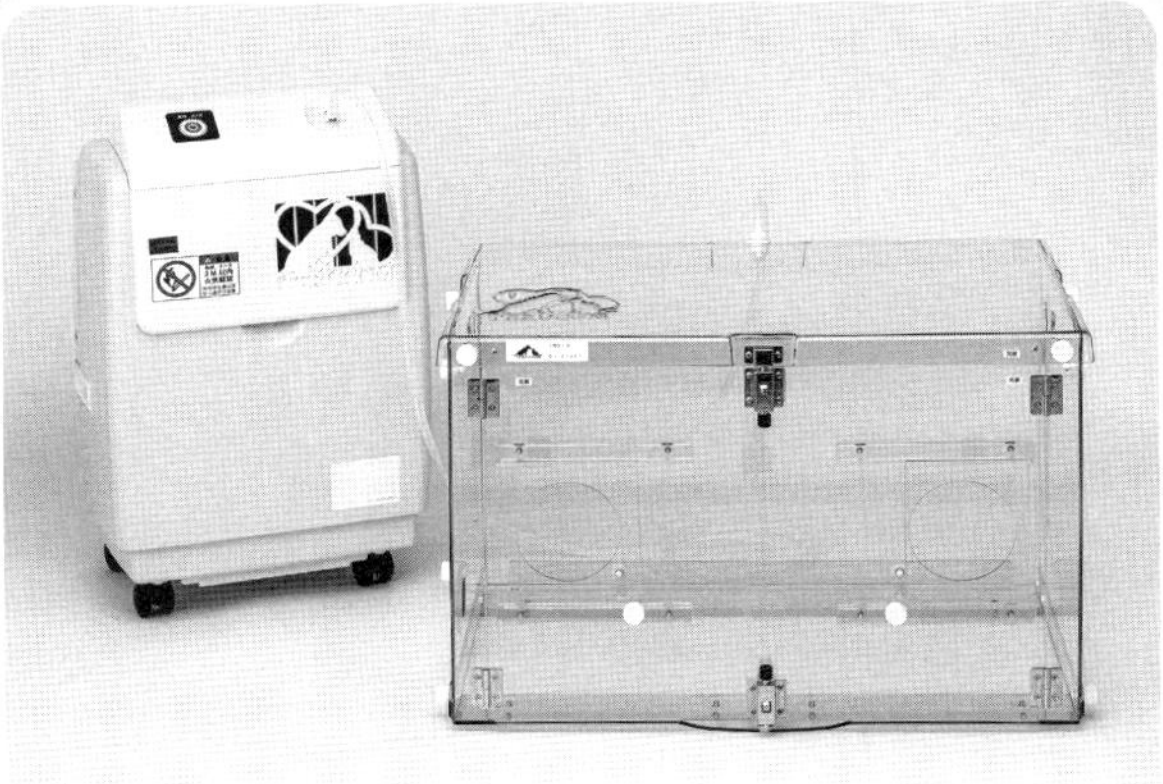

※医療機器ではありません。

画像提供：テルコム株式会社

第4章 来たるべき最期のときのために

いつかやってくる
お別れのとき。
悲しいけれど、
過ごした
大切な時間のことを
ずっと覚えていたいから

PART 1

快適な生活を支える「QOL（クオリティ・オブ・ライフ）」とは？

耳にする機会の増えた「QOL」とは、愛猫の**生活の質や幸福度**のことです。老化や病気によるQOLの低下をいかに防ぐかが、愛猫に幸せな毎日を送ってもらうためにはとても大切です。また、愛猫の〝最期〟を考える上でもとても大切な要素です。しかし、猫のQOLを正しく評価するのは非常に難しく、獣医師におうちでの様子を伝えながら、一緒に考えるのがよいでしょう。ここでは「HHHHHMM（ふーむ）スケール」という、5つのHと2つのMの項目について紹介します。おうちでの快適な暮らしの参考にしてください。

1. 苦痛度（Hurt）（最も重要）：猫は痛みを隠す動物ですので、顔のゆがみ（↓64ページ）や行動の変化（↓60ページ）をよく観察しましょう。他にも息苦しさ、吐き気や嘔吐《おうと》、発作なども苦痛を伴うためQOLを低下させます。薬や酸素室などを使って、苦痛を取り除くことが大切です。

2. 空腹度（Hunger）：十分食事を摂れるか、逆に食事が苦痛になっていないかどうかなどです。食欲増進剤や栄養チューブ（↓88ページ）も考慮しましょう。緩和ケア・

ホスピスでは、食べたがるものを食べたいだけ与えることも大切です。食事を嫌がっている場合は、なるべく強制給餌《きゅうじ》は避けましょう。

3. 脱水度（Hydration）：十分な水分を取っているか、脱水していないかを確認します。また、慢性腎臓病や糖尿病は脱水しやすく、それに伴う喉の渇きも不快感につながります。在宅での皮下点滴で改善することも多いですが、これを愛猫が嫌がらずに受け入れているかも重要なポイントです。

4. 清潔度（Hygiene）：猫は綺麗好きな動物です。グルーミングできるかどうか、毛が絡まっていないか、排泄《はいせつ》物で汚れないようにできるかを確認し、それが難しい場合は、ぬるま湯で湿らせたタオルやガーゼなどで体や顔周り、お尻周りを拭いてあげましょう。

5. 幸福度（Happiness）：日々の生活を楽しめているかを考えます。家族と交流したり、おもちゃで遊んだり（狩猟行動）できるかを観察しましょう。

6. 活動性（Mobility）：愛猫が自分で動けるか、あるいは助けを借りて移動できるかを確認します。動けない場合でも、床ずれができていないかどうかを確認しましょう。

7. 良い日が悪い日より多いか（More good days than bad days）：悪い日とは、吐き気や嘔吐、発作、下痢、腹痛、衰弱、痛み、不快感などが1日の大部分を占めている日です。カレンダーで「良い」「普通」「悪い」を記録しておくのもよい方法です。

先輩飼い主さんに聞きました…の経験談①

01 ガングリオンと付き合いながら暮らす

猫のガングリオン（腫瘍による瘤）。腫瘤の肥大による神経圧迫で痛みや運動低下が発生するため、**テニスボールほどの大きさになると、動物病院で穿刺吸引の保存療法**を受けました。

写真は、先月亡くなったラックで、心筋症の進行で慢性腎不全へ、さらにここ数年、右肘関節炎（滑膜嚢胞／ガングリオン）を持ちながらも19歳まで生きてくれました。

日ごろの日常ケアとしては、傾斜や高さがあるフード皿であっても、体の傾斜を保てず食事を止めてしまうので、食事は手のひらや指で少量ずつ口元に運び、舌や喉の動きで飲み込みを確認しながらゆっくり食べさせていました。

［猫とワインさん］

ラック
東京・19歳・♀

02 糖尿病にきづいたきっかけ

なつめ
神奈川・16歳・♂

12歳のときに糖尿病の診断を受けました。

気づいたきっかけは**ごはんを食べてすごく元気になるのに激ヤセ（トータルで2.5キロほど）**してきて検査した結果でした。

初期は療法食とサプリを試しましたが、効果があまり出ず、インスリンで安定しました。歳をとってごはんをあまり食べなくなってから低血糖にも２回なり、インスリン量の調整も必要だったので毎回インスリン後はドキドキしていました。低血糖対策にブドウ糖やガムシロップを常備していると安心できました。

［ナツメさん］

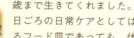

闘病、介護、その後…

03 「まさか、この子が？」

とら
13歳・♂

12歳のときに甲状腺機能亢進症と診断を受けました。夏にお腹の調子を崩し受診、血液検査で発覚。**夜鳴き等なかったのでまさかこの子がと驚きました**。一生服薬が続くと思うと不安でしたが、コーティングされて飲みやすい形状で作られているチロブロックに助けられています。穏やかに過ごしてもらいたいです。 ［Iさん］

04 うんちのお悩み

さばお
東京・13歳・♂

13歳スコティッシュで**便秘と軟便どちらにもなります**。毎日写真での記録と、ティッシュの上から触って、いつもと違うことがないか確認しています。今のところ検査で引っかかることはありません。寝起きや食後に水の器を口元に持っていき、飲んでもらうことも多いです。今年からフードはウェットも毎日与えるようにしています。最近は便のキレが悪く、トイレから出た途端に便が落ちてしまうことがあり、お尻も汚れが付いたままで……対応を考え中です……。 ［ma×yuさん］

05 同じ境遇の人が支えに

たら
カリフォルニア・14歳・♀

介護が全て終わって、助けられたなあと夫婦で感謝したのは**病院のスタッフさん**でした。待ち時間の雑談やコツ、介護経験談に救われたり笑ったり。猫介護仲間との情報や猫缶交換もありがたかった！　泣くのは全てやり尽くしてからと決めていましたが、夫婦だけだと煮詰まってしまいます。**励ましあったり、気分転換できる瞬間は可愛いウチノコ介護でも大事**ですよね。 ［いちろくさん］

PART 2

知っておきたい緩和ケア・ホスピスケア

緩和ケアとは、病気で苦しんでいる猫が、できるだけ楽に過ごせるようにするためのケアです。緩和ケアと聞くと「末期」や「死が近い」というイメージがあるかもしれませんが、実はそうではありません。病気を治す治療が原因療法であれば、緩和ケアは対症療法が中心で、**苦痛を取り除く治療**を指します。例えば、がんによる痛みがある場合は、鎮痛薬や抗炎症薬を使ったり、慢性腎臓病で吐き気がひどい場合は、制吐薬を使用したり、食べられなくなった猫に食欲増進剤や栄養チューブを入れたり、生活の質（QOL）を維持するための治療が含まれます。そのため、緩和ケアは病気の治療（原因療法）と並行して行う**伴走者のような役割**を果たします。

一方、ホスピスケアとは、最期が近い猫が残りの時間をできるだけ穏やかに、楽しく過ごせるようにするケアのことです。ターミナルケア（終末期医療）も似たような意味合いで使われます。ホスピスケアに移行した場合は、病気を治すための積極的な治療は行いません。痛みや不快感を和らげるための対症療法を行いつつ、猫が安心して過ごせるように**心のケア**も行います。例えば、猫が好きな食べ物をあげたり、飼い主さんと一

緒に過ごす時間を大切にしたり……。そのため、ホスピスケアは自宅で行うことが多いです。

病気が進行してくると、原因療法よりも緩和ケアが中心になり、最後はホスピスケアへと移行していきます。このようなころから、少しでも症状を抑えるために治療は続けたい、一方で治療を受けること自体が愛猫にとって負担になっているのでは……といったジレンマに直面し、どうすればよいか悩むこともあるでしょう。治療や投薬をできる限り続けるべきか、それとも投薬をやめて自然に看取るべきか、その決断は非常に難しいです。しかし、自然に看取るということは、病気の苦痛との闘いになる場合が多いです。このような場合は、安楽死という選択肢も考慮しなければならないかもしれません。

大事なことは、飼い主自身のためではなく、**愛猫のための決断であるかどうか**だと思います。愛猫のことを第一に考えたうえでの決断であれば、どんな答えであっても正しい選択だと私は思います。

…の経験談②

先輩飼い主さんに聞きました

01

早期発見の大切さを実感

14才のメス猫が乳ガンでした。高齢で保護した子で避妊手術が遅かったので乳ガンリスクが高いと考えて、**毎日お腹のマッサージのついでにしこりがないかチェック**していました。

ある日乳首の横に小さなしこりがあるのに気付きました。幸い発見が早かったので転移はしていませんでした。獣医に提案された手術は3つで①しこりの部分だけ切除、②片側の乳腺だけ摘出、③両方の乳腺を摘出でした。高齢であることや今後の再発を考えて②を選びました。

手術は成功し、その後再発しませんでした。猫の乳がんは早期発見と治療がとても大事なので飼い主さんがよく気を付けてメス猫もオス猫もお腹を定期的に触ってしこりがないかチェックしてあげてほしいと思います。

［Y.Mさん］

あずき
福岡・14歳・♀

02

夫婦で取り組んだ介護

癲癇の介護をしていました。

急な発作で高さのあるところから落ちたりするので**猫の居場所にダンボールやタオル・クッションを敷いたり**、晩年は発作からの失禁があったので**ペットシートやビニールでガードを作ったり**しました。

猫の動く物音が発作かと夜中でも飛び起きて寝不足の日々でした。発作がひどいころは夫婦で寝る時間を交代制にして何かあってもすぐ対応できるようにしていました。

［K.Hさん］

ニャース
埼玉・16歳・♂

闘病、介護、その後…

03 「いつもと違う」は突然に

当時先生から病名をはっきり言われた訳ではないですが、腎臓の数値は悪くなっていました。水を冬でもたくさん飲むという「いつもと違う」行動が見られました。そのときに病院に連れて行っていたらよかったのかもしれません。**「いつもと違う」と感じたら迷わず病院へ！**

水を飲みだす前の秋の健診では数値正常だったので、突然という感覚です。［まろん家さん］

みかん
長崎・19歳・♀

04 猫を看取り、また新たな猫を迎える

うちの子たちは、子猫時代の里親募集で一度別々になったところ、体調を崩したことで二匹同時譲渡の条件に切り替わった兄妹猫でした。普段はそこまでべったりではなかったですが、妹が闘病中（中皮腫）は見守るように酸素ケージが見えるところにずっといました。

妹猫が亡くなった後、兄猫は異様に甘えん坊に……。トイレやお風呂への後追いや帰宅時の異常な鳴き方、吐き戻しや軟便も増えました。

もしかしたら寂しいのでは？と気づき、今年のGWに譲渡会へ行き相性のよさそうな子を発見。ある程度の威嚇も覚悟していましたが、兄猫は初日からケージの側まで来てリラックス……。これは！と二週間で正式譲渡になりました。やはり寂しかったんだね。**兄猫は10歳離れた2歳の子分ができ**、吐き戻しや軟便がすっかりなくなりました。食欲旺盛で太ってしまったのは悩みの種ですが、とても元気です。

［さーちさん］

彩《さい》
福岡・13歳・♂

PART 3

安楽死について考える

安楽死にどのようなイメージを持っているでしょうか？　それぞれの考え方があり、是非を問うことは難しいのですが、猫の最期が近づいてきたときに安楽死が選択肢として挙がることは少なくありません。

私がお伝えしたいことは、知識をきちんともち、あらかじめ安楽死について考えを巡らせておき、できるだけ後悔の少ない決断をしてほしいということです。

安楽死は、**猫の尊厳や生活の質（QOL）を大切にするための最後の手段**です。回復の見込みが全くなく、長い間病気による痛みや苦痛が続いている場合、安楽死が愛猫にとって最善の選択になることがあります。通常、猫の安楽死は、麻酔で眠った状態で薬剤を使って行われます。心臓と呼吸が止まるときには猫はすでに眠っているので、苦痛を感じることはありません。

安楽死を選ぶことで**猫の苦しみを延ばさずに済み、そして愛猫の最期のときにそばに居てあげられること**ができます。入院中に容態が悪化し、飼い主さんが急いで駆けつけたものの、愛猫の最期に間に合わなかったケースを多く見てきました。安楽死は家族全員が立ち会えるように予定を立てることができます。また、猫にとって病院は不安な環境です。飼い主さんの腕の中で最期を迎えることができるのは、猫にとっても安心できるのではないでしょうか。往診が可能な動物病院なら、獣医師に自宅に来てもらって看取ることもできます。

安楽死に関する選択は非常に重たいものです。私が飼い主さんに安楽死についてお話をする際には、飼い主の都合や気持ちではなく、**愛猫の生活の質（QOL）を第一に考えて選択するべき**だと伝えています。「少しでも長く一緒にいたい」という飼い主さんの気持ちは痛いほど理解できますが、猫は「この治療に耐えられたら、飼い主さんともう少し一緒に居られる」ということまでは理解できません。猫は〝今〟を生きていて、今現在の痛みや苦しみが彼らの思考の大部分を占めます。無理な延命治療を続けることは、愛猫を苦しめることになるかもしれません。

「無理な延命治療をしてしまった……」「焦って安楽死を選んでしまった……」、そのような後悔が残ってはつらいでしょう。獣医師としっかり話し合い、他の治療法の有無やQOLを把握し、愛猫のために責任を持って決断することが飼い主の最後の役割だと思います。

備えて……

先輩飼い主さんに聞きました

猫と一緒に写真に写ろう

01

うちの猫は今のところ元気で過ごしていますが、以前「その日」に向けた心構えを人に聞いてみたことがあります。

なるほど！と思ったのが**「2ショットの写真をたくさん撮ること」**。猫だけの写真はたくさん撮るけれど、二人で写ったものもたくさんあると、一緒にいた幸せを思い返せるから……と。それから意識的によく撮るようになりました！　［ma×yuさん］

さばお
東京・13歳・♂

写真では残せない思い出を日記に

02

時間の経過とともに記憶が薄れていくので、日記なりブログなりつけておいた方がよいかなと思いました。**好きだったごはんや習慣、いたずらするときのクセやかわいい仕草**など、写真に残しきれないことがあります。　［グリさん］

もも
千葉・14歳・♀

なつめ
千葉・2歳・♂

老いる姿は見ていてつらいけれど……

03

猫が弱ってきて見た目が変わったり、夜鳴きが増えたり、粗相をしてしまったり……。最期のときの近さに目をそむけたくなるときがあるかもしれません。ですが、**できるだけ、そばにいてあげてほしい**です。私の親は家を空けている時間があり、後悔が残っています。　［ろすとさん］

レオン
東京・20歳・♂

最期のときに

04 思い出を形に

思い出を形に残すのをおすすめします。**生前に足跡を粘土でとっておいたり、遺毛をとっておいてチャームにしたり**することができます。

亡くなると、あっという間に葬儀の日を迎えてしまいます。悲しいですが事前に準備をしておくことで、一緒に過ごす最期の時間を充実したものにできると思います。　[渡辺ゆりえさん]

アビ
東京・16歳・♂

ヒメ
東京・15歳・♀

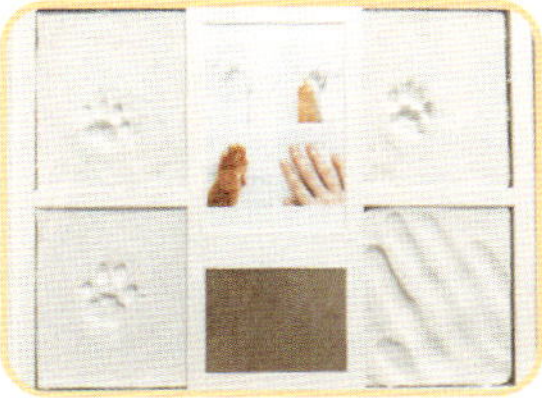

にゃんとす ワンポイント

愛猫との思い出を振り返られるように、**形に残しておく**のはよい方法ですね。愛猫が旅立った後の心の支えにもなりますよね。我が家も参考にさせてもらって、たくさんにゃんちゃんとの思い出を残しておこうと思います。

CHECK!

05 介護や闘病があるかもしれないからこそ……

うちは晩年は介護に明け暮れて、猫は大事な家族でかわいくて大切だけれど、毎日の生活は猫も人間もしんどくてつらいものになっていました。

亡くなった後に、介護や病気が大変だったことを振り返るだけでなくて、**猫が元気だった時代のことも思い出してあげたい**。若く、元気なうちに写真や動画を残してあげるとよいなと思いました。　[K.Hさん]

ニャース
埼玉・16歳・♂

PART 4

愛猫とのお別れ・弔い方

愛猫とのお別れは非常に辛いことですが、最後まで愛情を込めて見送るために、できることをしてあげましょう。

まず、生前の姿に近づける**「エンジェルケア」**を施します。ブラシなどで優しく毛並みを整え、湿らせたタオルで全身を拭いてあげましょう。特にお尻や口、鼻周りの汚れをきれいにしてあげてください。死後硬直が起こる前に、自然な姿勢になるように手足を軽く曲げてあげ、目や口があいていれば、優しく閉じてあげましょう。また体液で汚れてしまうので、身体の下にペットシーツを敷いておくとよいでしょう。

猫の大きさに合った段ボールや市販の棺に猫を入れ、エアコンで室温を下げた部屋に安置しましょう。保冷剤や凍らせたペットボトルをタオルに包んで身体を冷やすとよいです。特に頭やお腹を中心に冷やすことで、傷みを防ぐことができます。愛猫が好きだったおやつやクッション、毛布、首輪、手紙や花を添えて見送りましょう。**夏場は1〜2日、冬場は2〜3日を目安に最期のお別れをする**ようにしましょう。ドライアイスを使用すれば、もう少し長く、ご遺体を保管することもできます。

弔い方は飼い主さんの死生観や宗教的な価値観などによって異なります。自宅の庭で土葬するのか、ペット葬儀屋やペット霊園で火葬してもらうのか、遺骨を手元に残して供養するのか、ペット霊園に納骨するのか、あるいは海洋葬や山林葬など自然に還して供養したいのか（散骨）など、様々な選択肢があります。愛猫が亡くなってから決めるのは時間的にも精神的にも余裕がなく大変なので、家族とよく話し合い、早めに情報収集を行っておくとよいです。生前相談・事前相談を受け付けているペット葬儀屋やペット霊園もあるので、相談してみるのもよいでしょう。また、遺骨以外にも形見を残しておけばよかったという話も聞きます。我が家では**部屋に落ちていたヒゲを日ごろからお守りとして**集めています。

愛猫が亡くなったとき、深い悲しみや喪失感を覚えるのは当然です。無理に前向きになる必要はありません。愛猫との思い出に浸りながら、涙を流すことも大切です。時間が経つにつれて、愛猫との楽しかった思い出が心の穴を埋めてくれるはずです。

は・・・・・・

先輩飼い主さんに聞きました

01

お骨を入れる容器を元気なうちに

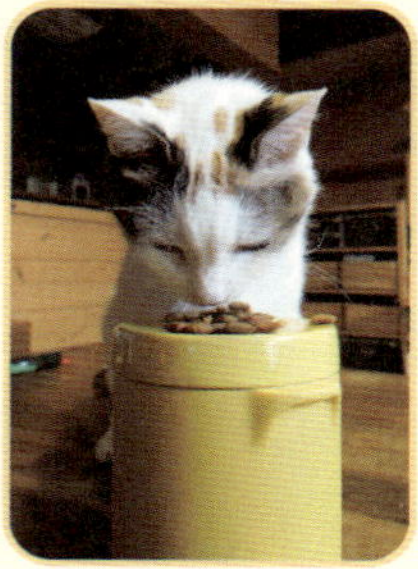

私は骨壺や骨壺カバーを目にしたくなく、猫が元気なうちからお骨になったら入ってもらう容器を用意しています。猫のおやつを入れたり、猫の飲み水を入れたり……。一番使っているのは**飼い主のおやつ入れ**です。 [猫の昼寝代行屋さん]

はま子ちゃん
群馬・18歳・♀

訪問火葬で気持ちに区切りを

02

訪問ペット火葬を利用しましたが、前もって調べていなくて、来てくれるところを泣きながら電話して探したことがあります。

空き状況次第では、数日待つことも。涙は止まらないけれど、傷まないように黙々と身体のケアをしていました。

訪問火葬のあと、**家族みんなでお骨を拾いました。お作法も人間と一緒**。気持ちの区切りをつけるのにもよかったと思う選択でした。 [もにゃママさん]

もなか
福島・18歳・♂

03

急な場合にも備えて

ニャース
埼玉・16歳・♂

覚悟はしていたものの急に亡くなったので、急いで火葬車を手配した記憶があります。埋葬はしないで遺骨は家に置いています。

火葬は混んでいて2日ほど待ちましたが、その間にお別れができたのでよかったです。**葬儀のことはある程度事前に調べ、埋葬するかどうかなどもご家族と方針を決めておいたほうがよい**と思います。考えたくないことではありますが……（涙） [K.Hさん]

亡くなったあと

04 いつでも話しかけられるように

ぎんのすけ
神奈川・16歳・♂

つい先日見送りました。家に火葬車のお迎えがきて、天に昇る煙を見ることができました。遺骨キーホールダーもつけていただきました。
お願いしたところでは**位牌もつけてくださり、毎日話しかけています**。　[ぎんのすけさん]

05 高齢の家族がいるご家庭へ

我が家では高齢の家族でも最後のお別れができるよう、ペット霊園での埋葬ではなく、ここ12年は**自宅まで来てくれるペット移動火葬での個別葬儀**を執り行っています。
ちなみに遺品の保管袋、写真立てまで一式葬儀社がご用意くださるので、我が家では猫それぞれにオリジナルの骨壷を用意して弔っています。　[猫とワインさん]

姫
東京・17歳・♀

チビ太
東京・1歳・♂

にゃんとす ワンポイント

愛猫との別れを考えるのは本当に辛いことですが、先輩飼い主さんたちの体験談を聞くと、少し心の準備ができるかもしれませんね。大切な家族だからこそ、**愛猫らしい見送り方を考えておくのも、最期まで寄り添うひとつの形な**のかもしれません。

CHECK!

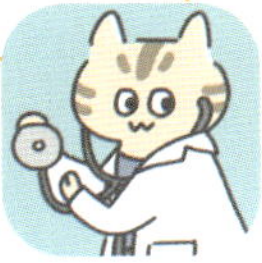

CONCLUSION

おわりに

気がつけば、我が家のにゃんちゃんも12歳。獣医師として多くの猫たちと関わってきましたが、自分の愛猫がシニア期を迎えるのは、また違った経験でした。

今のにゃんちゃんは、私の仕事部屋の日当たりのよい窓辺でよく寝ています。昔は家中を駆け回ったり、いたずらばかりしていた彼も、今ではゆったりとした時間の流れを楽しんでいるようです。その姿を見ていると、「老い」とは決して後ろ向きなものではなく、むしろ新たな絆を築いていく素敵な時間なのだと感じます。

確かに、シニア猫との暮らしには戸惑うこともあります。体調の変化や介護の必要性など、初めて経験することも多いでしょう。でも、それ以上に心温まる瞬間がたくさん待っています。長年連れ添ってきたからこそ感じられる深い絆や、日常のささやかな出来事が、より一層愛おしく感じられるはずです。また、ゆったりと共に過ごす穏やかなひとときこそが、この時期ならではのかけがえのない時間であるとも感じます。適切な知識と心構えがあれば、老いを必要以上に恐れることなく、愛猫との晩年を穏やかで幸せなものにできるはずです。

最後になりましたが、本書の執筆にあたり、貴重な体験をシェアしてくださった先輩飼い主の皆さまに心からお礼申し上げます。皆さまの経験談が、本書をより具体的で実践的な内容にするうえで大きな助けとなりました。また、これからシニア期を迎える猫たちの飼い主の皆さまにも、シニア猫との暮らしをより身近にイメージしていただけるようになったと思います。

これからも獣医師、研究者として、そして一人の猫の飼い主として、猫たちとその家族の幸せな時間のために、ＳＮＳでの情報発信などを通して、できる限りのサポートを続けていきたいと思います。皆さまの愛猫との日々が、温かく、愛に満ちたものでありますように。

獣医にゃんとす

あなたと猫さんが、
ずっと一緒に幸せに
暮らせますように——。

ユキ

ぐう

真揚

ビッケ

びび

虎太郎

豆大福

みつき

ミケコ

ペコ

夕莉

青

陸

空

とわ

マル

ナッツ

バニラ

ティアラ

ちゃちゃ丸

くぅ

喰う

LEE

シロリ

ミウミウ

本書に掲載しきれないほどの
たくさんの猫さんと飼い主さんのご協力のもと、本書は誕生しました。
ご協力くださった皆さま、本当にありがとうございました。

Taylor, S.S., Sparkes, A.H., Briscoe, K., Carter, J., Sala, S.C., Jepson, R.E., Reynolds, B.S., Scansen, B.A., 2017. *ISFM consensus Guidelines on the diagnosis and management of hypertension in cats.* J. Feline Med. Surg. 19, 288–303.

Bellows, J., Center, S., Daristotle, L., Estrada, A.H., Flickinger, E.A., Horwitz, D.F., Lascelles, B.D.X., Lepine, A., Perea, S., Scherk, M., Shoveller, A.K., 2016. *Evaluating aging in cats: How to determine what is healthy and what is disease* J. Feline Med. Surg. 18, 551–570.

Bellows, J., Center, S., Daristotle, L., Estrada, A.H., Flickinger, E.A., Horwitz, D.F., Lascelles, B.D.X., Lepine, A., Perea, S., Scherk, M., Shoveller, A.K., 2016. *Aging in cats: Common physical and functional changes.* J. Feline Med. Surg. 18, 533–550.

Finch, N.C., Syme, H.M., Elliott, J., 2016. *Risk Factors for Development of Chronic Kidney Disease in Cats. J. Vet. Intern.* Med. 30, 602–610.

Norsworthy, G.D., Estep, J.S., Hollinger, C., Steiner, J.M., Lavallee, J.O., Gassler, L.N., Restine, L.M., Kiupel, M., 2015. *Prevalence and underlying causes of histologic abnormalities in cats suspected to have chronic small bowel disease: 300 cases (2008-2013).* J. Am. Vet. Med. Assoc. 247, 629–635.

Gorrel, C., 2015. *Tooth resorption in cats: pathophysiology and treatment options* J. Feline Med. Surg. 17, 37–43.

Perry, R., Tutt, C., 2015. *Periodontal disease in cats: back to basics--with an eye on the future* J. Feline Med. Surg. 17, 45–65.

Marino, C.L., Lascelles, B.D.X., Vaden, S.L., Gruen, M.E., Marks, S.L., 2014. *Prevalence and classification of chronic kidney disease in cats randomly selected from four age groups and in cats recruited for degenerative joint disease studies.* J. Feline Med. Surg. 16, 465–472.

Ljungvall, I., Rishniw, M., Porciello, F., Häggström, J., Ohad, D., 2014. *Sleeping and resting respiratory rates in healthy adult cats and cats with subclinical heart disease.* J. Feline Med. Surg. 16, 281–290.

徳本一義, 2013.「猫における水分摂取の重要性」『ペット栄養学会誌』16, 96–98.

Villalobos, A.E., 2011. *Quality-of-life assessment techniques for veterinarians.* Vet. Clin. North Am. Small Anim. Pract. 41, 519–529.

Hoyumpa Vogt, A., Rodan, I., Brown, M., Brown, S., Buffington, C.A.T., Larue Forman, M.J., Neilson, J., Sparkes, A., 2010. *AAFP-AAHA: feline life stage guidelines* J. Feline Med. Surg. 12, 43–54.

Bowersox, S.S., Dement, W.C., Glotzbach, S.F., 1988. *The influence of ambient temperature on sleep characteristics in the aged cat.* Brain Res. 457, 200–203.

Ruckebusch, Y., Gaujoux, 1976. *Sleep patterns of the laboratory cat.* Electroencephalogr. Clin. Neurophysiol. 41, 483–490.

主な参考文献

Nutrition Guidelines - WSAVA, 2024. https://wsava.org/global-guidelines/global-nutrition-guidelines/

IRIS Guidelines (modified 2023), http://www.iris-kidney.com/guidelines/index.html

Eigner, D.R., Breitreiter, K., Carmack, T., Cox, S., Downing, R., Robertson, S., Rodan, I., 2023. *2023 AAFP/IAAHPC feline hospice and palliative care guidelines.* J. Feline Med. Surg. 25, 1098612X231201683.

Taylor, S., Chan, D.L., Villaverde, C., Ryan, L., Peron, F., Quimby, J., O'Brien, C., Chalhoub, S., 2022. *2022 ISFM Consensus Guidelines on Management of the Inappetent Hospitalised Cat.* J. Feline Med. Surg. 24, 614–640.

Steagall, P.V., Robertson, S., Simon, B., Warne, L.N., Shilo-Benjamini, Y., Taylor, S., 2022. *2022 ISFM Consensus Guidelines on the Management of Acute Pain in Cats.* J. Feline Med. Surg. 24, 4–30.

Eyre, R., Trehiou, M., Marshall, E., Carvell-Miller, L., Goyon, A., McGrane, S., 2022. *Aging cats prefer warm food.* J. Vet. Behav. 47, 86–92.

江本宏平（監修）『猫の介護ハンドブック：気持ちに寄り添う緩和ケア・ターミナルケア・看取り』2022, ねこねっこ

Ray, M., Carney, H.C., Boynton, B., Quimby, J., Robertson, S., St Denis, K., Tuzio, H., Wright, B., 2021. *2021 AAFP Feline Senior Care Guidelines.* J. Feline Med. Surg. 23, 613–638.

Quimby, J., Gowland, S., Carney, H.C., DePorter, T., Plummer, P., Westropp, J., 2021. *2021 AAHA/AAFP Feline Life Stage Guidelines.* J. Feline Med. Surg. 23, 211–233.

Sordo, L., Gunn-Moore, D.A., 2021. *Cognitive Dysfunction in Cats: Update on Neuropathological and Behavioural Changes Plus Clinical Management.* Vet. Rec. 188, e3.

Benjamin, S.E., Drobatz, K.J., 2020. *Retrospective evaluation of risk factors and treatment outcome predictors in cats presenting to the emergency room for constipation.* J. Feline Med. Surg. 22, 153–160.

Robbins, M.T., Cline, M.G., Bartges, J.W., Felty, E., Saker, K.E., Bastian, R., Witzel, A.L., 2019. *Quantified water intake in laboratory cats from still, free-falling and circulating water bowls, and its effects on selected urinary parameters.* J. Feline Med. Surg. 21, 682–690.

Heath, S., 2018. *Understanding feline emotions: ... and their role in problem behaviours.* J. Feline Med. Surg. 20, 437–444.

PROFILE

獣医にゃんとす

愛猫・にゃんちゃんと暮らす研究員獣医師

国立大学獣医学科を卒業後、臨床経験を重ねつつ、獣医学博士を取得。現在は、とある研究所の研究員として、難治性疾患の基礎研究に従事。SNSでは猫の健康や生活、病気に関するテーマを中心に発信している。著書に『獣医にゃんとすの猫をもっと幸せにする「げぼく」の教科書』(二見書房)、『どっちが正しい？ 幸せになるねこ暮らし』(ワニブックス)がある。

X @nyantostos Instagram @nyantostos
ブログ 「げぼくの教科書」https://nyantos.com/

[画像] カバー：iStock.com/Azaliya
第1章扉：iStock.com/Anna Derzhina 第2章扉：iStock.com/w-ings
第3章扉：iStock.com/miniseries 第4章扉：iStock.com/petesphotography

7歳《さい》になったら読《よ》む 猫《ねこ》の長《なが》生《い》き健康《けんこう》ぐらし

2024年10月30日 第一刷発行

著 者	獣医《じゅうい》にゃんとす
発行者	佐藤靖
発行所	大和《だいわ》書房
	東京都文京区関口1-33-4 電話 03-3203-4511
本文イラスト	パント大吉
装画・獣医にゃんとすイラスト	オキエイコ
本文デザイン・DTP	高井愛
カバーデザイン	喜來詩織
校 正	東京出版サービスセンター
編 集	刑部愛香（大和書房）
本文印刷	シナノ印刷
カバー印刷	歩プロセス
製 本	ナショナル製本

ISBN978-4-479-39438-9